好环境好居家——

实用风水

克孜勒苏柯尔克孜文出版社
新疆电子出版社

图书在版编目（CIP）数据

好环境好居家 / 杜梦龙编.—阿图什：克孜勒苏柯尔克孜文出版社；乌鲁木齐：新疆电子出版社，2006.8
ISBN 7-5374-0589-1

I.好... Ⅱ.杜... Ⅲ.住宅—室内设计 Ⅳ.TU241

中国版本图书馆CIP数据核字（2005）第098883号

书　　　名	好环境好居家——实用风水
主　　　编	杜梦龙
责任编辑	灵　子
封面设计	共鸣设计
出版发行	新疆电子出版社　克孜勒苏柯尔克孜文出版社 （830001　乌鲁木齐解放南路346号）
发　　　行	新华书店
印　　　刷	深圳彩视电分有限公司（0755-82262979）
开　　　本	889mm×1194mm　　1/24
印　　　张	11.5
版　　　次	2006年8月　第1版
印　　　次	2006年8月　第1次印刷
书　　　号	ISBN 7-5374-0589-1
定　　　价	49.80元

版权所有　翻印必究

（书中如有缺页、错页及倒装请与工厂联系）
购书电话：0755-83476130
Http://www.ch-jinban.com

内容简介

　　接触风水的人通常会遇到这样的困惑：我应当学习和使用哪个门派的风水？答案是：任何一个都可，因为各门派的风水都是在解决同样的问题。在本书中，传统风水都被包含进来，在这里大家将可以了解到主要的风水门派。

　　应当学习形学风水，不仅因为它最古老，还因为形学风水的核心是能发现最佳的地点，然后使生气最大限度地聚集，再流入龙脉。

　　聚集的气的类型取决于建筑物或住宅的朝向，所以，大家需要用理学风水知识测出建筑物或住宅的朝向（以及其他更复杂的东西）。

　　要知道房子对个人是否有利，需要用东四命和西四命来判断。为使室内布局合理，也得利用东四命和西四命以及八宅术的知识。

　　为了自身健康，大家还应当将水龙风水考虑进来……

　　看上去也许要学的东西很多，但相信了解得越多，这些知识就会变得越清晰。想要从一本书里了解到不同门派的风水，不是件容易的事。值得庆幸的是，本书已将这些全部包括进来，它也许会使您第一次对这种奇妙的艺术有个整体的了解。

目 录

第一章 理解风水

一、什么是风水　　　　009
1. 风水的含义　　　　　010
2. 风和水　　　　　　　015
3. 人的气　　　　　　　017
4. 运气和机会　　　　　019

二、风水史话　　　　　022
1. 风水的历史　　　　　022
2. 《易经》　　　　　　024
3. 三教　　　　　　　　025

三、风水的派别　　　　029
1. 形学风水　　　　　　030
2. 理学风水　　　　　　030
3. 飞星风水　　　　　　031

第二章　风水原理

一、气和格局　　　　　032
1. 气的含义　　　　　　034
2. 天气、令气和地气　　036
3. 格局的影响　　　　　039

二、风水的构成要素　　043
1. 磁场　　　　　　　　043
2. 指南针　　　　　　　044
3. 方向　　　　　　　　045
4. 五行　　　　　　　　047

三、中国人的宇宙哲学　055
1. 宇宙哲学符号　　　　055
2. 太极　　　　　　　　056
3. 阴阳　　　　　　　　057

4.明暗、男女	058
四、卦和洛书	**060**
1.卦和六爻	060
2.八卦的含义	061
3.八卦和其他的关系	061
4.先天八卦和后天八卦次序	065
5.神奇的洛书九宫图	068

4.前门	082
5.客厅、餐厅和卧室	084
6.厨房和浴室	098
7.过道、楼梯、储物间和车库	106
二、商业风水和颜色、镜子	**109**
1.办公室总体布局	110
2.个人办公室	113
3.吉祥的颜色配置	118
4.镜子	123

第三章　室内风水

一、居家风水概述	**072**
1.室内格局	073
2.住宅类型和八卦	076
3.门和窗	078

目 录

第四章 室外风水

一、四兽 125
1. 四方 126
2. 如何运用四兽 134

二、地形风水 139
1. 运用地形的力量 139
2. 山和龙 143
3. 如何看城市里的地形 146
4. 道路与河流 150

三、水龙风水 154
1. 水流形状 154
2. 实用水龙图 155
3. 在花园里建造水龙 164

四、花园风水 170
1. 花园的四兽 170
2. 花园小路、石头和照明 173
3. 吉祥树、水果和花卉 177

第五章 风水补救和风水术

一、八宅风水术 185
1. 八宅法 186
2. 运用风水补救 192

二、风水补救法 198
1. 五行补救法 198
2. 灯光补救法 204
3. 风的增强物与笛子补救法 206
4. 运动之物补救法 208
5. 阻挡、变向和吸收补救法 208

三、风水符 212
1. 动物吉祥符 212
2. 其他吉祥符 217
3. 神仙符 220
4. 道符 224

四、东四命和西四命风水术 226
1. 东四命和西四命风水的构成 226
2. 如何计算命卦 228
3. 个人的最佳和最坏方位 230
4. 东四命和西四命人如何确定 235
5. 东四命和西四命宅如何确定 236

第六章 理学派风水

一、时间和日历 240
1. 计量时间的方法 241
2. 二十四节气 246
3. 吉凶日 248

二、天干和地支 252
1. 十天干 252
2. 十二地支 253
3. 六十花甲 254
4. 四柱 262

三、关于罗盘 264
1. 什么是罗盘 264
2. 二十四方或二十四山 267
3. 如何使用罗盘 269

实用风水

第一章　理解风水

一、什么是风水
二、风水史话
三、风水的派别

　　风水可以用来改变住宅和办公室周围的环境，使您和家人受益于其中的能量。风水已有数千年的历史，很多人对之深信不疑，其中有人觉得他们的财富、健康和幸福都得益于风水。

　　从前，风水是皇室贵族们的专利，而如今，它已进入寻常百姓家。尽管风水不是一种精神领域上的东西，但会发现它与中国的主要三个宗教有着共同的渊源。

★风水可以用来改变住宅和办公室周围的环境，使人受益于其中的能量。

第一章 理解风水

一、什么是风水

风水，这两个字如何发音？它是科学还是宗教？从何开始学起？风水有用吗？风水是如何起作用的？弄清楚到底什么是风水非常重要。在这里，还将阐述神秘的能量——气，以及它是如何流动，为人类的身体、地表和水的各种变化形式提供能量，并且显示这些气的不同形式是怎样相互作用的。

★风水与自然、物质和生命背后的能量相关，这种能量称之为"气"。

实用风水

1. 风水的含义

在19世纪80年代,风水还不为大多数人熟悉,现在,由于媒体的广泛介绍及大量相关书籍的出版,大部分人都知道风水、住宅和周围环境对幸福、健康和发展有影响。

风水的字面意思很简单,就是风和水。这给人们一个提示:风水与自然界中的物质有关联。风和水都是流动的,因此,流动也是风水的含义之一。而且,空气和水这两种物质对人的生命来说,都至关重要。

如果把风水上述的阐释放在一起来看,就会发现风水指的其实就是生命背后的能量。它不仅指人、植物和动物的生命,还指人们脚下的大地的生命。能量或者气存在于人们日常生活的环境背后和在现实生活与其他人的交往中。

在20世纪最后20年里,风水开始在欧洲、北美洲和澳大利亚流行,人们接受了风水的传统规则。

(1)风水不是什么

风水绝对不是新世纪的宗教,而是一门传统的艺术,它的背后有着大量的理论。以下是一些对风水的错误认识:

◆一种宗教(尽管风水理论与道教同出一源)
◆一门综合心理学
◆室内装饰的分支(尽管两者有一些交叉)
◆魔术(风水需要真的东西,它并不是随便挂几个风铃而已)

> **小贴士 Tips**
> 对古人来说,风水是一系列的行为与禁忌,老人们谨守这些东西,期望家庭人丁兴旺、繁荣富足。

第一章　理解风水

◆一剂万能药（风水不能包治百病，正如针灸仅对某些病有效一样）
◆容易（您得严格按照规则行事）
◆一种精神活动（尽管当代一些人试图把它弄得看起来如此，但风水实质上是一种实践活动，而非精神活动）
◆一种直觉
◆一种时尚（没有一种时尚能够如此源远流长）

★根据风水理论，明亮宜人的环境促进能量（即气）的流动，给人们带来好运。

实用风水

(2)风水是什么

风水和精神发展或宗教倾向并无直接联系，正如地理学和灵性并无关联一样。具有讽刺意味的是，在汉语里，"地理"既指地理学，也指风水。风水是一门驾驭"气"的技术，人们利用它来追求美满姻缘、锦绣前程、香火永延、子孙兴旺、地位显赫、金榜题名和身体健康。

每个人身边可能都有一些这样的朋友，他们住宅宽敞，工作称心，成功不费吹灰之力，就像天上掉下的馅饼。但也有另外一些朋友，他们生活在拥挤阴暗的环境里，家里拥挤不堪，一直为生存而挣扎，前进一步就要退后两步，可谓命运坎坷。这让人不由得嫉妒前者而同情后者。

小贴士

风水二字如何念呢？中国方言众多，风水的发音各异。标准的普通话发音接近"费昂西外"，而在说粤语的香港，风水的发音接近"放苏衣"，厦门人则念作"洪苏衣"。不过，可以肯定的是，西方流行的发音"风苏衣"在中国从来没有被用过。但在美国，"风苏衣"被普遍认可，而其正确的普通话发音却不为人知。

在泰国，风水的发音接近"洪觉衣"；在越南，风水则被拼成是"phong thuy。"所以，在西方，要想让人听懂，就得念成"风苏衣"；要想让人觉得您知道这个词的来源，就得念成"费昂西外"。

Tips

那么，到底命运和现实谁先谁后？第一类朋友的命运注定他有大房住，还是明亮有利的环境使他有可能抓住机遇取得进一步的成功？

根据风水理论，当环境适宜时，机会就会随之而来。风水是一门艺术和科学，它使能量有助于一个人的追求、机会并带来好运。

第一章 理解风水

★此图画的是清朝（1644~1911年）时期，一个风水先生在观测罗盘，他的学生则在一边详细记录。作为一个科学仪器，罗盘甚至比现代的测量仪器还精密。

(3)风水是科学吗

数千年来，历代的风水大师们精心测算、记录，并对风水改造的效果和预期结果进行比较，使风水得以不断发展。这是一种科学的方法，同牛顿的物理观察和富兰克林的电力试验并无区别。事实上，风水所用的最重要的设备——罗盘，无论从哪个角度来看都是一个精密的科学仪器。

有人可能会说"罗盘的用法并不科学"，其实，航海所用的指南针仅是风水罗盘中最简单的一种。指南针在被用于航海之前，就被用来勘察阴阳宅的风水，这足以说明风水是一门科学。

实用风水

风水是一门科学,它和医学有一些相似之处。风水先生的判断并不一定总是对的,做出的补救方案也不见得都准确,但这些方案是根据风水先生的亲身经历、再三应验而做出来的,因此,便不能说风水是非科学的。

当一个医生诊断失误时,他并不会扔掉教科书。众所周知,医学并非自古以来就是大学里的课程,直到16世纪,医学更多地被当成一种艺术,甚至和理发一样被当成一门手艺。事实上,当时的外科手术师经常被称为"理发手术师"。以西方人为例,他们把医学认可为科学只是400年前的事,而风水被当作科学至少有2600年了。

★在像红树沼泽这样的地方,静止或流动缓慢的风和水会产生滞气。
根据风水理论,滞气使人疲劳,还会破坏人的免疫系统。

小贴士 Tips

尽管风水是否与健康有关尚存争议,但许多风水方法都被看成是中医的补充。在这里,保持家里中环境的阴阳平衡与吃中药、扎针灸来调和阴阳恢复健康一样重要。

2.风和水

　　风水的精髓在于将有益的生命能量（或者称为气）保留在家里和办公室里，给人带来好运，并可以通过改造室外的地形或改变室内的布置或装饰来达到改善风水的目的。风水理论尤其重视水的方位，比如河流、湖泊、溪流，甚至花园里的排水系统。

　　根据风水理论，气随水而行，如果水流能将气带入家中或办公室里聚集，则大为有利。反之，如果附近的水流把建筑物内的气带走，那么室内的人就会好运尽失。

呼吸新鲜空气

　　风是我们环境中另一个流动的因素，风也可以携带能量。众所周知，夏日里住在一个微风吹拂的环境中，人会变得神清气爽；如果居住的地方强风不断，人就会变得很抑郁；如果居住的地方一丝风也没有，像长满红树的沼泽地，将会使人苦闷不堪。从风水角度来看，理想的气场当然是能够带来能量的微风，颈风和死气都不好。

> **小贴士 Tips**
>
> 　　风和水对人的健康至关重要。实际上，人都是由风和水"构成"的。人身重量的60%是水，人无时无刻不在呼吸风，即空气。没有风（空气），人会在数分钟内死亡；没有水，人活不了几天。几乎没别的东西像这两样物质这样如此的性命攸关。所以，可以得出这样的结论：风和水携带有生命的能量，也就是气。不仅如此，风和水还构成了大气、海洋的底部，人们依赖呼吸空气、饮用水而生存。
>
> 　　为什么人们淋浴或游泳之后会感到舒服呢？这样的感觉并不仅因为去掉了身上的尘垢，而且，还有当水流过身体表面时改变了身体的某些部分，或者改变了体内的气场的原因。而风水研究的恰恰就是风和水所携带的气的质量以及如何改造气使之对人们有利。

实用风水

★水流过体表,改变了体内的气场,因此,人们淋浴后会感到精神焕发。

3. 人的气

针灸师证实人体内有气沿经脉运行。针灸时，针扎偏穴位一点，效果可能就相差甚远。敏感的病人只有在针扎中穴位时，才会感到穴位里透出暖气，否则就没有这种感觉。

气功师会表演如何运气和用气。大家都知道，武术师们超人的表演靠的是把气运到体内的某个部位。例如，把气运到手上时，以手劈砖就会轻而易举，要是不先运气，恐怕砖未开而手先折。

人一出生就得到气，这个特定时辰的运气将伴随人终生，这就是通常所说的四柱。气如潮水，时聚时散。出生的年月日时的天干和地支反映了这一时刻气的运行情况。

实用风水

(1)如何应用风水

风水能助人生意兴隆、交往顺利、婚姻美满，还能使人逢凶化吉。

风水可以被用来做很多事情，但最重要的是释放身上的能量，改变人的运气，给人们带来更多的机会，并使其能抓住这些机会。需要注意的是，风水不能使人突然中彩票大奖，不能改变骰子各种数字出现的数学概率。那么，如何来应用风水呢？为了成功地应用风水，您无需：

◆信仰它，或为此改变自己的宗教信仰。
◆专门雇用一名风水大师（尽管这样会有所帮助）。
◆对自己的住宅或办公室进行大的改动。
◆为自己的住宅和里面的物品祈福。

以下是需要做的：
◆通过用罗盘测量，为自己的住宅或办公室画出一份详细的计划。
◆按照风水知识仔细周全地进行思考。
◆确定住宅或办公室内气的种类和质量。
◆进行改造或采取补救措施来改善或引导气场。

(2)风水帮助实现愿望

风水使人能顺天行事。道家认为，人不必逆流而行，应顺应潮流。可能有人会问："如何知道河流向何方流去？如何知道自己是在碰壁还是正在克服一个想象中的障碍？"风水与道家同源，它会使人走入正途，所以将更多帮助实现愿望而非遭遇挫折。

道，象征着人不断尝试的生活道路，同时也象征着能量的流动。道教被称为"水路"，暗指它由水流演化而来，这也是风水的一个重要方面。

这种效果还体现在生意和人际关系上，如普通的见面会带来重要的商业性合作或促使职位升迁，合作伙伴和同事突然之间变得对自己帮助有加，自己觉得更能把握生活等。

第一章 理解风水

4.运气和机会

运气和机会是完全不同的两个词。根据字典的解释，机会是"事物自己发生的方式"，而运气是"好的或坏的命运，影响人的利益的命运，或个人追求的倾向"。

简言之，机会是数学术语，像彩票中奖的机率，而运气是人性的。根据风水理论，运气是可以培育的，但机会不能，这是它们之间重要的区别。也许有人会问："风水会不会增加中彩票的机会？"风水会助人积聚个人的运气，但不能改变彩票中奖的数字概率。运气是很多时机的集合，而不是曲解宇宙的数字法则。

★在风水的帮助下，一次不期而遇可能会给人带来重要的商业合作关系或职业上的重大改变。

运气的三个方面：天、人、地

根据中国人的生活观，人都有三种运气，常称之为三运。

第一种是天运，是与生俱来的。换言之，就是人出生时是衔着银勺子还是生于贫贱之家。如果天运好，人会脚向上沿着生活的海岸走。

气与运气密切相连。"运气"的字面意思是"运动的或起作用的气"。

运气并不是一成不变的，而是随天象变化而变化。星象家便能从生命历程中感到这些变化。中国的星象家会根据一个人的四柱，精确地预测出一个人一生的重大波动。

人还可以通过自身的努力，即人运来改变天运。有一些人尽管他们身体严重残疾，但他们通过努力改变人运，取得成功。

对大多数人来说，天运和人运就是运气的全部，他们的一生都由这两者来主宰。有时天运的影响大一些，有时则相反。因此，运气在西方人的眼里是随意的，但在中国人的宇宙观里则非如此。

第三种运气是地运。地运即风水，是一种深植于人类周围环境的艺术或科学。地运能改变和显著地改善人的生活。人可以定下目标，再通过改变人的地运来实现目标。

天运的力量最大，但人运和地运都是人可以把握和改变的。

★人不能改变天运，或者说出生时的星象，但人可以通过自身的努力，即利用风水改变自己的人生。

第一章　理解风水

二、风水史话

这里将简要介绍一下风水的历史。《易经》这本古典巨著可能是风水最古老的起源，书中的符号至今仍是风水最重要的部分。想理解这些，不妨先来看一下在中国古代文化中占有重要地位的三教，即道教、儒教和佛教。在这三者中，只有道教在观察自然力量方面和风水有着相似的根源。

1.风水的历史

一些专家认为风水有6000多年的历史。的确，风水所用的一些符号可以追溯到这么长时间。

迄今发现的风水符号最早的起源是1988年在河南省发掘的大约公元前4000年时期的一座新石器时代的古墓。这座墓面向南，顶部是圆的（象征天），墓的北部是方的（象征地），东面是龙的图像，西面是虎的图像，代表四象里的两象。在墓的中央有北斗七星图，此图在中国占星术和风水里都占有重要地位。

(1)观星

我们不能因这一发现而确定风水就是产生于约公元前4000年，但可以肯定的是风水中一些主要的符号在那时就已被应用了，这就意味着风水的符号比中国主要的三个宗教——儒、释、道的历史都要长。另外一个证明风水的符号被持续使用的实物是公元430年的一个箱盖，它出土于湖北省隋县的雷姑屯。箱盖的表面有一龙一虎，象征着风水里的东方和西方，但更具有重要意义的是盖子中央是二十八星宿图。在罗盘上，二十八星宿图是从外面数的第二圈。星宿图的中间是汉字斗，代表星宿。

第一章　理解风水

到春秋战国时期，风水的各个要素已被结合在一起，极有可能是在这一时期，风水开始成为独立的学科。

当时这门学科还不叫风水，它有很多老名称，其中之一叫"堪舆"，字面意思是庇护和支持，这反映了风水是研究天与地关系的思想。

(2)风水的起源

要想理解风水的历史，首先得看一下风水根源的历史，并且把它放在中国文化的大背景下去看。风水主要有以下三个根源：

◆《易经》
◆中国宗教
◆中国人对祖先和祖墓的崇敬

在这三者中，《易经》是风水最基本的根源。

★这个箱盖是在湖北省发掘的，上面的图案是左青龙，右白虎，中间是二十八星宿图。

2.《易经》

　　风水最初的起源和产生的最早标准之一是八卦的创造。传说八卦由神话中的皇帝伏羲所创，伏羲据传于公元前2852～前2737年在位。八卦图形是来自《易经》中最古老的部分。

　　八卦是风水中非常重要的内容，将在第二章详细讲解。《易经》这部古典巨著共有六十四段，八个卦两两组合，构成六十四个卦象，它的每一段对应着一个卦象。

　　另外一种说法是，《易经》的一部分由周期（公元前1027～前221年）的开国君主周文王被囚禁时所撰写，其子周公也写了一部分。人们认为《易经》最早写于周朝，所以也称之为周易。

★秦朝（公元前221～前206年）的始皇帝开始修建长城时，还下令烧毁了大量的古书，《易经》被当作古典著作才得以幸免。

秦始皇下令把他认为并非经典的及没有实用性（医药、农业）的书籍全部烧毁，《易经》是逃过此劫的为数不多的经典之一。即使在风水被压制的今天，人们还是认为《易经》研究是可以接受的学术活动。

第一章　理解风水

> **小贴士 Tips**
>
> 风水主要在以下几个朝代发展：
>
> 周（公元前1027～前221年），《易经》在这一时期被创作。
>
> 汉（公元前206～公元220年），风水最古老的著作开始出现。
>
> 晋（公元265～420年），风水的黄金时期。
>
> 唐（公元618～906年），杨筠松的形学派风水盛行。
>
> 宋（公元960～1279年），风水开始形成完整的系统，王乾是理学派风水的创始人。
>
> 风水在明（1368～1644年）、清（1644～1911年）两代继续盛行。在1927年和文化大革命时期（1966～1976年），风水与大部分传统文化一道两度遭禁。

3. 三教

中国的占星术和宗教与中国文化交织在一起，因此，风水思想中有部分受到三种主要宗教的影响，其中影响最大的是道教。将风水和宗教区分开来非常重要。

中国古代的主要宗教是儒、释、道三教，三者互相影响和渗透。即使今天，在儒教的孔夫子庙里人们也很容易便能看到佛像或是道教的八仙像，在佛寺和道观里同样会有这种情况，人们常把它们合称为三教。在更大程度上，人们普遍把这三种宗教合为一体。

儒教注重于人际关系，因此，代表人；佛教关注生死轮回和西方世界，因此，代表天；道教则研究自然、河、山、性和命，因此，代表地。

三教同等重要，因为天、地、人必须保持和谐一致，所以，人们认为三教互补而非相斥并不奇怪。

★这幅18世纪的古画，画的是孔子和道教始祖老子（左）欢迎幼佛来到他们中间，预示中国接受了佛教。

实用风水

风水多与地相关，因此，这里将侧重于道教。现在让我们来逐一看看这三教。

(1) 儒教

儒教的创始人是孔子。孔子是东周时期人，生于公元前551年，卒于公元前479年，直到其死后几百年的汉朝（公元前206～公元220年），他的学说才被奉为正统。

历朝历代，儒教均被视为国教。孔子强调个人要孝亲、养家和忠君。

要问中国强烈的忠孝思想受哪种宗教的影响，毫无疑问是儒教。

包括皇帝在内，在不同季节都要举行一系列祭天仪式，以保持天、地、人之间的和谐。皇帝应随季节变化而在皇宫的八个方位之间迁居，这样做与风水有关。风水上把住宅分成八部分，再加上中间共九部分，就像井字游戏一样。

儒教还推崇祖先崇拜，它强调人在家族中的位置。族谱可追溯到远祖，往后传到本人、子孙到曾孙。

儒教认为，世界是由两种东西组成，一是形式、模式和规则，称之为礼；二是产生这些东西的生命，叫做气。所有物质的和精神的现象都由这二者组成。

儒教还认为，人应当去除心灵上的尘土，追求真善，清除浊气，看到真理，并思索和宇宙的关系。因此，在风水上，清除衰气比仅改变室内的摆设要重要得多。

★儒教始祖孔夫子的雕塑。

(2)佛教

佛教起源于印度,因此,起先是被中国人视为外来的。佛教创始人是乔答摩·悉达多,大致与孔子同一时代。但大乘佛教直到汉朝（公元前206～公元220年）才传入中国,且直至汉朝以后才在中国真正生根。隋朝（公元589～618年）和早唐时期是佛教在中国的黄金时期。

到了公元845年,皇帝下召拆毁40 000多座寺庙,260 500名僧尼被迫还俗。此后,佛教在中国再也没有恢复到以前的规模和影响。

★西藏拉萨的布达拉宫,是自7世纪以来历任藏传佛教领袖达赖喇嘛的居所。

尽管不同的评论家试图把藏传佛教同风水联系在一起，但事实上风水并非佛教的一部分，还有很多传统的佛学家对风水不以为然。其实，风水的确很奇特，它和道教起源相似。

有些学者认为风水最早起源于印度，但此说法并未得到证实。

(3)道教

在道教里，尽管风水所用的符号比道教的产生要早得多，但我们仍能发现风水的大部分宗教根源。一般认为，道教是由公元前6世纪的圣人老子所创。虽然道教的研究一般指的是老子的学说，但仍有人怀疑老子其人是否存在。不管怎样，最被人推崇的道教经典据称为老子所写的《道德经》。

★道教是关于自然的宗教，早期的道士认为山是未被外界影响的灵气聚集的圣地。

> **小贴士 Tips**
>
> 《道德经》是世上最难懂的书之一,它被译成英语有30多次,甚至还有一个版本的译者是20世纪早期的诗人、登山家和魔术师艾里斯特·克劳利。《道德经》看似简单,实际上却非常精妙深奥。

《道德经》提倡顺天行事,非逆天而行。道教兴盛时期是公元前6世纪~公元5世纪之间。公元2~5世纪,道教是平民的宗教,而儒教是皇家的宗教。同一时期,佛教仍被认为是泊来物。唐朝的一些皇帝自称为老子的后代,因此唐朝时期风水大盛并不令人奇怪。

三、风水的派别

风水最基本的两个流派是形学派和理学派,其他门派均是从这二者演化而来,它们发源于不同的地方。

据说,形学起源于广西桂林。这是一个坐落在冲击平原上的城市,丘陵和山峰从平原上拔地而起,形态各异,似具神气。

★桂林景观神奇,险峰从平原上拔地而起,人们认为这种景观促使形学风水的产生。

实用风水

了解看过桂林的人肯定会得出这样的结论：奇特的地形会对风水产生实际的影响。

另外，理学风水可能起源于平原地带，气在平原上的流动不明显。然而，这仅是一种简单的猜想。更切实际的结论是：形学是用来观测开阔原野的风水，而理学则更多是涉及到村镇或城市里的风水。

1. 形学风水

杨筠松（公元840～888年），是最著名的风水大师之一，生于江西省，公元874～888年间任唐禧宗的御用风水大师。他著作颇丰，使形学风水自成系统。

杨筠松最有名的书叫《汉龙经》，其他还有《青囊奥语》和《颖龙经》。这里的龙既指水龙，也指地龙，二者龙脉里均含有生气。另外，杨公的《十二常法》一书是寻找生气的经典之作。

2. 理学风水

理学风水的主要依据是精确的测量和计算，使用的工具是风水罗盘。第一个理学风水大师是北宋时期的王乾（公元960～1127），他注重使用五行、行星和八卦，重视五行的关系和卦象之间的生克关系。他从分析建筑中推论"阳山应朝阳，阴山应面阴"，在《核心精要》一书中对此有详细解释。

> **小贴士 Tips**
>
> 形学常被叫做《江西术数》，以示对出生于江西的杨筠松的尊敬，有时还被称作《赣州术数》或《峦体》。
>
> 形学派风水在江西、广西和安徽等山区省份尤其流行，理学派则常见于地势平坦的浙江、福建等省，现已流传到台湾、香港，还有国外如新加坡和马来西亚等地。

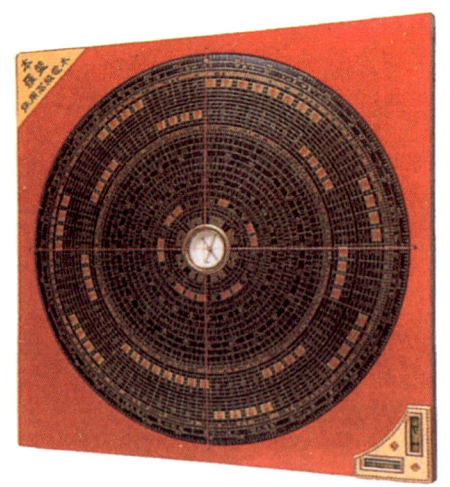

★风水指南针，又称罗盘，为早期的风水先生发明，用来计算风水上的方位，至今仍在应用。

第一章 理解风水

理学派风水又称福建学派，用来纪念生于福建的王乾。此外，还有如下一些名称：
- ◆ 方位——方向和位置学派
- ◆ 人法
- ◆ 居家法
- ◆ 通渺气法
- ◆ 祖堂法
- ◆ 理气或气学派
- ◆ 闽学派

3. 飞星风水

理学风水还以飞星风水的形式来处理时间方面的问题。这个学派不如形学风水和原来的理学风水久远。飞星能使人预测并掌握时运，预测未来数月和数年的运气。

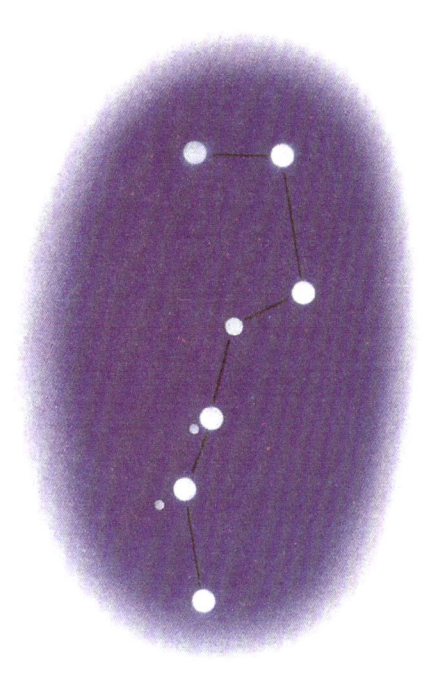

★ 飞星指北斗七星和另两颗看不见的星星，有时也被称为移动的星星。

本章小结：风水是一门科学，它和医学有一些相似之处。风水最早的根源是《易经》的八卦。《易经》是中国最伟大的古典巨著之一。风水最早被称为"堪舆"，它和道教的渊源最深。风水在三教之前就已存在。风水最基本的两个流派是形学派和理学派。

实用风水

一、气和格局
二、风水的构成要素
三、中国人的宇宙哲学
四、卦和洛书

第二章　风水原理

气是一切风水活动的基础，它是一种自然能量，随风和水而流动。气有很多种，风水就是要把吉气留在人们工作和居住的地方，以使人们更富裕、健康和幸福。

为此，要学会区分气的种类，而气的种类主要取决于时间和方位，所以大家得知道建筑物的方位，并将时间和季节考虑进来。

气的运动还受到建筑物、街道和室内家具的影响，这就是为什么风水有时被称为"格局的艺术"的原因。

一、气和格局

风水讲的到底是什么？风水和以下五个因素有关：气、位置、地磁场、八卦方位和五行（尤其是水）。那颜色、镜子、笛子、青蛙、风铃和直觉等是不是风水呢？其实，这些多少与风水沾点边，但关键是要知道为什么有些东西有风水上的作用而其他一些则没有。在这里，将主要阐述风水五个因素中的前两个：气和方位。

第二章　风水原理

实用风水

1.气的含义

气是能量的一种存在形式,它充斥于物质世界。气是生命的起源,也是生物和非生物的区别。当气停滞时,生命能量即将耗尽,就像从池塘里袅袅升起的晨雾。事实上,气状似在液体上浮动的水雾,就像水气从一桶发酵的大米里散发出来一样。

气并不难理解。21世纪,我们接受了各种看不见的力量,如无线电波、微波、移动电话信号、有线广播、电视电磁波、X射线、超声波、宇宙射线、红外线等。尽管从没有人用肉眼看到过和用手摸到过这些东西,但每个人都相信它们的存在,因为科学证明如此。像上述这些看不见的能量存在的形式一样,气可以被感知到,但却无法看见。

气无处不在,动植物都需要气。气沿人身体里的经脉运行,古人认为充沛的气是生很多男孩的保障。水与气循环,雨水使溪水涨满,人们可以用它来灌溉稻田,使农作物得以丰收。地上的水又会变成气升至云层,水汽在云中遇龙化雨而降。

这种地理理论富有诗意。如:下雨可以认为是天在润滑大地,因此,屋檐的滴水就是一种潜在的生气,可以用来改善花园里的风水。

★气在地面及我们工作和生活的建筑物里流动,它的能量聚集在水中,随水流动。

第二章 风水原理

小贴士 Tips

气也出现在人的身体里，它沿着人身的经脉运行，一旦在什么部位受到阻塞或滞留，人就会生病。训练有素的气功师能运气到身体的不同部位，这时人们就能看到气的存在。气功师可以用气做出超常的事来。

(1) 气如何流动

气蜿蜒而行，轻流生聚则生机盎然，遇阻滞涩则生机全无。如气被迫快速直冲，就会带来破坏性。把气当成水来看，就能正确理解气的作用：充斥垃圾的一潭死水和惊涛骇浪都不适于生命的存在，而缓缓流动的河流的两岸往往是人口聚集，农业、贸易发达的地方，世界上大多数的都城无不如此。

(2) 生气和死气

气就像世上万物一样，生、长、衰、死，周而复始。风水的精要在于聚集生气。吉祥、强盛和充满能量的气叫生气，人们应该多培育这样的气。相反，呆滞的气叫衰气。为了健康不能喝死水，也应该极力避开衰气。换一种说法是：生气是阳气，衰气是阴气。

(3) 煞气、生气和衰气

沿着直路、铁轨等快速运行的阳气直冲一幢建筑时，就变为煞气。因煞气阳气太胜，能量太大，所以会破坏碰到的物体。气的类型有很多，但这三种是认定气的性质最重要的标准。

平衡至关重要，气不能运行太快，特别是沿直线运动，但气也不能被困，滞留在一个地方。记住这些重要的规则，才能正确理解风水。

气的种类	名称	状态
煞气	煞气	速度太快
阳气	生气	明亮的气（好东西）
阴气	衰气	腐朽的气

2.天气、令气和地气

气的存在有三种形态,即天气、令气和地气。

三种气互相影响。天气影响令气和地气,令气影响地气,地气受其他二者的影响,就像大地需要雨水的滋润和阳光的照耀一样。

现代科学也有类似的发现,如:科学家发现有时太阳黑子(天气的一部分)的变化同气候和天气(令气)有关系;气候的变化影响动植物的生长,主要体现在动物数量和树的年轮(地气)等变化上。

另外,人类已经知道,地球磁场的变化是地球上方大气层变化的反映。古人认为这三种气互相影响是非常自然的事,不仅如此,他们还绘制出这种相互的关联。

(1)天气

有时人们称从天而降的天气为客气。天气影响地气,并有可能抵消地气的力量。在计算天气降临的方位时,就要用先天八卦图,其中的乾位于南方。

★恶劣的天气如严寒,打乱了人身上卫气的正常运行,因此,看风水要考虑令气。中医在诊断病情时也会分析天气变化这个因素。

第二章 风水原理

★一场特殊的倾盆大雨被古人视为吉兆,因为他们认为雨水和钱财是相通的。

(2) 令气

令气位于天气和地气之间，被称为移动的气。令气主要有5种：阳光、热、冷、风和雨。

阳光改变地表的热度。现代气象学认为地表的冷热差异产生了冷暖气团，当气团上升时，温度下降，在与其他空气接触时就产生了风，风带走湿气，在另一个地方下降时就形成了雨。

可见，古代所列的5种令气的变化顺序与现代气象学用来预测天气的气象因素完全一致。注意，最后两种气也是风水。

★天气影响着我们，气候也如此，但天气的影响要细微得多。通过运用5种天气，风水大师能够把握天气的互动。

(3) 地气

地气有时被称为主气，因为人们以地为主，地气承受着自上降临的天气。地气属后天八卦（离卦指向南）。

当然，地气对风水来说非常重要，因为它影响着人们的居住环境。

3.格局的影响

气是如何运行的呢？卫气在身体里曲折而流。事实上，自然界的小溪也是沿着弯曲的河床流动，而雨水从屋檐往下流时，如果没有外力干扰，也总是弯弯曲曲的。

在流动的液体里，有一种因素决定了其最自然、最有效力的流动方式是曲折蜿蜒，而不是许多人所想象的那样沿直线运动。

> **小贴士 Tips**
>
> 在室内，20世纪60年代的设计师们所钟爱的长长的过道是风水的传统大忌。因此，在办公室里把办公桌摆成长长的一排，风水就不好。同样，住宅里如有长长的走廊，便要把植物或风铃精心摆放在正确的位置来隔断它，以避免产生煞气。

(1)气沿直线速度加快

气会在适宜的地方聚集，也只有聚集起来才会有益。

气沿直线运动，速度就会变得飞快，带来破坏性。因此，沿着长长的直路，气会快速运动，当它到达终点时就会产生破坏力，这样的气就叫做煞气。

理想的住宅或建筑应建在气蜿蜒流动的地方，最好是在河流或道路的弯曲形状内。

★长长的直路使气流速度加快，产生破坏性。位于这样的路的终点处的城镇就会被煞气所害。

实用风水

(2)街道和铁路

勘察风水的第一步要看是否有直线形的东西对准屋子。典型的例子是T状路口，位于T形顶端的建筑会被路的煞气所冲，繁忙的路煞气尤重。虽有一些破解煞气的方法，但最好避免在这种地方居住或置地。树篱、围墙和喷泉等物虽可帮助减轻这种冲煞，但却无法完全祛除煞气。

另外一个风水大忌是正对着立交桥的刀状锋口（弯刀煞）。在这种地方建房，最好建在弯曲的形状内，不宜对着刀刃。

★一条蜿蜒流动的河流产生宜人的气。事实上，很多繁荣的城市都建在河流弯道的内侧。

河岸也会形成刀刃的形状。一个有趣的现象是，很多繁华的城市都是建在一条大河的弯内，而在河流弯外的城市郊区则通常是不发达的地区。

现代城市里充满直线条，会产生很多煞气，如一排样式相似的屋子的屋顶（特别是在市郊）就会产生煞气。一排电线杆从房前经过没有关系，但如果正对房子就会产生破坏力很大的煞气。

(3) 毒箭

"毒箭"指的是长长的结构产生的煞气像箭一样直奔对着的人或建筑而来。在这里，"箭"是一种比喻，因为实际上是看不见的，所以也称为"暗箭"。墙、树或堤坝可以阻挡暗箭，原因是如果暗箭被挡住看不到了，就不会产生危害性。

对付煞气的另一个方法是用镜子把煞气反射回去。八卦镜是带有八卦图案的圆形或方形的小镜子，其中的八卦图案是依先天八卦顺序而设。如有暗箭对准前门，通常可在门的正上方悬挂一面八卦镜。

> **小贴士 Tips**
> 两面墙在墙角相交，沿着墙运动的两股气流在此相遇后就会形成紊流。因此，从风水角度来看，巨大建筑的墙角很危险。

(4)尖状物

另一种毒箭可由尖状物产生。如今，人们所用的碟形卫星天线的角如果指向邻居，就会破坏他的风水。相反，如果邻居天线的角对着自家，就要拉上这个方位的窗帘，此运用的是"看不见毒箭即不受害"的原则，还可以用镜子把暗箭反射回去。

还有一种毒箭是超大建筑，尤其是与住宅和办公室太过接近的。如果别的建筑物比自己的大得多，就会破坏自己的风水，特别是当这幢建筑的一角正对自家的方向时，所产生的破坏力量尤大。如果这个角正对前门，可能会带来更严重的后果。

无论在什么情况下，都要特别保护入口的气。前门最易受害，因为它是气进入住宅和办公室的入口。后门和窗户相比较而言受毒箭之害要小一些。

在室内，家具放置不好或过大也会产生毒箭。

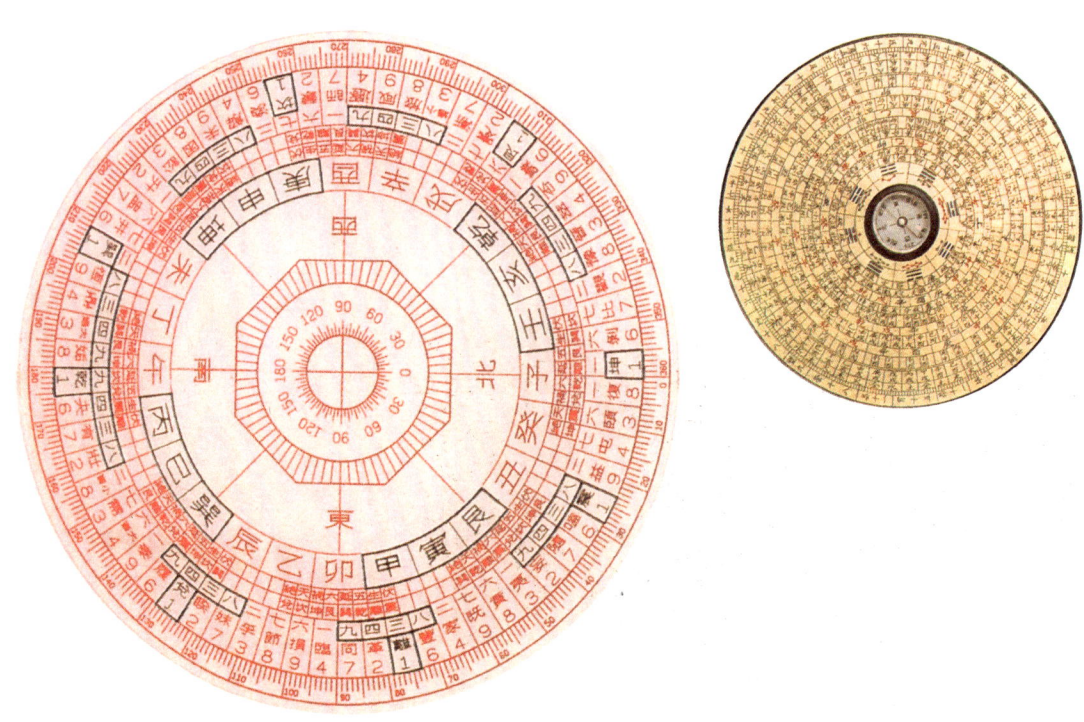

第二章　风水原理

二、风水的构成要素

风水的其他几个要素是地磁、八卦方向、五行。指南针指向磁极的南北两个方向，同时也可以用它辨认另两个方向。八方与五行中的四方以及四季对应，八方和五行的相互结合是进行风水诊断和补救的依据。另外，理解五行间的相生、相克、相泄的循环关系很重要。

1. 磁场

磁场是风水里第三个核心概念，气能、水流和地球磁场之间有很微妙的联系，探矿的人可能对此有种直觉，而越来越多的科学事实也证明这一联系的确存在。

地球的磁场

地球是一块巨大的磁铁，其磁场可延伸至太空，这一巨大的磁场对地球上的生命肯定会有影响。医学上的核磁共振技术证明：强磁场能影响身体的器官，强度虽弱，但无处不在的地球磁场也会影响人体。

生物学家也正在做出关于线粒体的惊人发现，这些线粒体是人身上的精密的食品加工器。它们不仅对人细胞的能量供应至关重要，而且还直接对地球的磁场做出反应，并按照南北方向排列。

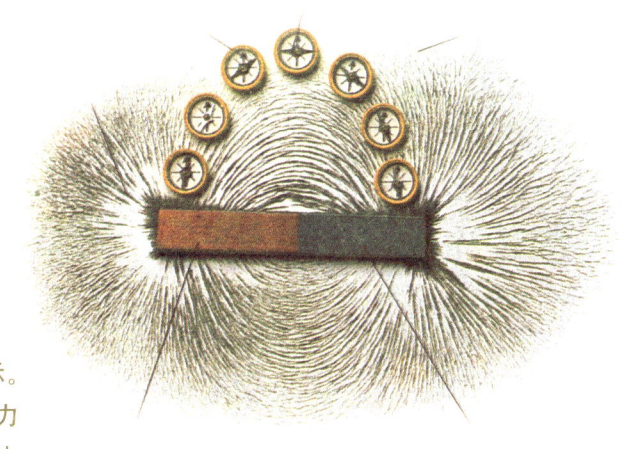

★磁力是看不到的，但磁力线能够加以演示。本图显示铁屑顺着磁铁的磁场进行排列，磁力最强的两极铁屑最密集，放在边上的指南针也做出类似的反应。

实用风水

2. 指南针

地球的磁场用指南针可以很容易计算出来。旅行用的指南针就足以用来判断住宅或办公室的朝向，风水用的指南针要复杂得多。

指南针有什么用处呢？通过指南针，人们可以发现建筑与地球磁场的联系，确定出八个方位。在风水上，不能简单地以住宅或办公室的前门来确定方向，要把它放在周围环境和磁场之中来考虑。周围环境的气对人们的房子会产生影响，决定风水的好坏。因此，指南针对风水来说不可或缺。

南与北

对于指南针的指针来说，南北方的唯一区别在于北方是刻上记号的。中国人常认为指南针指的是南方，所以，书中有的地方说明指针指向的南方并不是说指针突然进行了180度的大转弯，而只是为了符合传统。

南北磁极是指南针的指针指向的方向，而地图上的南北指的是南北两极，这里是虚拟的地轴所在地，所有的经线在此相交。磁场上的北极是个确定的地方，而地图上的北，其实整个经线的概念都仅是地图印造者的发明。风水运用的是真实的北极，它因测量的时间和地点的不同而不同。因此，地轴和地图上的北极也随时间而变。

因为地磁极在不断变化，

第二章 风水原理

> **小贴士 Tips**
> 地图上的北和磁北极相差7度，这个差别称之为偏差或变化。这种偏差因地点变换或经过很长的时间会稍有不同。

所以每代人的罗盘读数会稍有不同，不要被此弄糊涂了。在风水里，当谈到北方时，其实指的是磁北极，而非地图上的北方。

中国人早在公元4世纪就发明了指南针，而欧洲直到公元1190年才第一次提到指南针，比中国晚了1500多年。鲜为人知的是，中国人最初发明指南针的目的是用来勘察风水。数百年后，指南针才被航海者用于海上航行。此前，航海者仅通过观测太阳和星星，甚至依靠目测陆地来掌握方向。

3. 方向

磁力线被用来判断方向，特别是南北两个方向。对中国人来说主要的方向有五个，即东、南、西、北、中，每两个主方向之间又有4个偏方向，即东北、西北、东南和西南，所以，一共有八个方向向中央。这些方向正好与五行、八卦、洛书九宫分别对应。

(1) 四风

在风水上，风可用来指示方向。旧时的欧洲地图上标有风向图，就是用来显示每个方向的来风。在古北美洲和欧洲，风和方向是一体的，例如，冷风来自北方，带来寒冷，所以北方就和寒冷联系在一起；同样，暖风来自南方，南方就代表了温暖。

(2)四季方向

中国人的思维,尤其是道德思维强调整体,西方人看来并不相关的事物之间往往存在着数字上的联系。如:中国人把罗盘上的四个主要方向与四季对应起来。

这怎么可能呢?仔细想一下,指南针上四个主要方向每个都会与四季中的一季相对应。如:最炎热的方向是南方,因此,夏天就和南方联系在一起;而最严寒的方向是北方,因此,冬天就和北方联系起来。

夏、冬之间是春秋,春与东方对应,因为东方是太阳升起的方向;秋则与西对应,因为太阳在西方落山。一年四季就这样依次经过东(春)、南(夏)、西(秋)和北(冬),然后再从东重新开始新的一年。另外,还有第五个方向,即中央,它与五行中的土对应。

如果把时间看成是循环的,一天中的时间也就和方向相对应。早晨,太阳从东方升起,中午到达南方,此时太阳最烈,黄昏时分日落,夜里完全看不到太阳。第二天太阳又会重复这个顺序。

其他一些循环也同样适应这一规律,甚至人的生命历程也是这样循环的,但这里真正的东西是阴阳的盈亏变化。

★中国人把四季与指南针上的四个主要方向相对应。秋与西对应,因为那是太阳落山的地方。

(3)对应的循环

下表显示的阴阳和生命循环图过于简化,但它可以解释这些周而复始的循环的对应关系。

方向	阴阳循环	季节	天	人生
东	阳生	春	黎明	出生
南	太阳	夏	中午	青年
西	阴生	秋	黄昏	中年
北	太阴	冬	午夜	老年

4.五行

五行是理解和运用风水的关键所在,既不能把它们同化学元素表上的化学元素相提并论,也不能把它们和希腊哲学中构成宇宙的火、气、风、水四元素混为一谈。

有趣的是,五行和代表它们的物质之间有些对应的地方,但相似之处仅及于此。中国思想认为,金、木、水、火、土这五种物质仅是五行的一种物质上的例证,而非五行本身。

水　　　　火　　　　土　　　　木　　　　金

(1) 五行的相互作用

五行的相互作用是风水内容中的一个重点。人们经常把它们和古希腊哲学的四大元素相比较，虽然水、土、火在两者中均出现，但为什么五行里没有"气"呢？气实际上是风水的一部分，因此，这看起来有点不可思议。为什么中国人把木和金说成是元素呢？从化学上讲，所有五行都是多元素物质。

确切的答案是五行并非真实的物体，而是不断变化的能量的存在形式。例如，以木来说，木代表植物的生长力量，有人曾用非常优美的语言这样描述"木是使花从绿叶中绽放的力量"。

木象征春天里使植物生长的力量。不错，木材是木的一部分，但家具上无生命的木板与春天植物生长的能量毫不相干。同样，金不仅指金属，还指特殊的金属——金，以及使生意和贸易顺利进行的能量。

水对人和风水来说都特别重要。五行使能量生聚，正像携带气能的水滋润植物生长一样。河流和湖泊对风水来说特别重要，因为它们携带并约束或限制气能。

火易于理解，因为即使从西方的化学角度来看，它也是一种炭和氧气燃烧产生热量和烟的化学反应过程。这一点接近于关于所有五行都是能量的一种转变形态的理念。

土是一种特别的物质，因为指南针上只有四个主方向，无法和五行一一对应，解决的办法是把土放在中央，以达平衡。在把五行与其他风水符号联系在一起时，土总是位于五行的中央。需要注意的是，不要把五行里的土和地球或脚下的土地混为一谈。

至于空气，它是风水的一部分，但不是五行的一部分。

小贴士

想要记住五行含义，关键是不要把它当成一盆土、一桶水或一堆木头，而要把它看作是现实世界背后宇宙间能量的转变阶段。用像火和水这样普通的东西来解释能量的转变，的确是中国古人杰出的发明，否则何以方便地把握五行的含义。但要小心，不要仅从字面意思来理解。

Tips

(2) 五行生克泄的循环

认识了金、木、水、火、土五行之后，现在该进一步来研究五者是如何相互作用的。五行帮助人们总结与它们相关的不同性质的东西，就风水而言，五行是如何与八个方向以及中央相联系的这一点最为重要。

五行和方位的对应关系如下。这种分布看起来较对称，把地位模糊的土放在中央，解决了把五行与八方对应的困难。

火	水	土	木	金
南	北	中央（西南、东北）	东（东南）	西（西北）

五行之间有多种联系方式，最常见的是生和克，还有很多其他的循环，比如：泄、制或藏。在这里主要看一下三个循环：生、克和泄。

①理解循环

五行的循环关系是理解五行对住宅或办公室风水产生影响的指南。当对不同的风水问题进行补救时,深入理解这些五行的循环关系非常有用。

②五行的相互影响

五行按特别的顺序相生相克,这对如何通过加强它们以改善风水非常重要。

应用相生循环可以发现哪一行有助于另一行的生长。

理解五行是如何相互影响的很重要,它将有助人们理解变化的过程,更重要的是,它使人能把握这种变化,为己所用。

每一行和其他四行的关键是生、克、泄、化。记住行的实质是"运动的力量",就不难理解五行相生的关系。因此,五行之间不仅互相影响,而且还循环相生。

> **小贴士 Tips**
> 如果想补五行中的一行,可以通过补它的母行来达成目的,如水生木,这是风水的技巧之一,所以通过在屋子里补强水(比如建一个小喷泉),自然就会增强木的能量。

★在屋里放置水可促使木生,菊花则可以进一步增强木的能量。

第二章　风水原理

③相生循环

为了帮助记忆相生的循环，可以对照实物加以说明，但这里讲的实际上是能量的转变。接着往下看，这一点就不难理解了。

木燃烧产生火，火产生灰即土，在土地里可发现金属，金属表面是冰冷的，上面凝结水滴（水），水使植物（木）繁茂。然后，再开始另一轮循环。

每个人都知道木燃烧生成火，金生水可能有点难懂，但相信大家一定看过晨曦中凝聚在金属表面上的水珠。上述只是为了形象地说明这些重要的能量的转变顺序。

★相生的循环。

④ **相克循环**

这个循环与相生循环相反。它是这样循环的：

水灭火。

火使金融化。

金（斧头）可以砍倒大树。

木扎根于土地并吸收土地中的养分。

土可以挡住水。

然后，又开始再一轮循环。

要减弱某行的影响，可以通过运用克它的行的方法来达成，这是风水的另一个技巧。例如，金克木，补强屋内的金，就能限制木的能量。

★相克循环。

⑤ **相泄循环**

相泄循环与相生循环是相反的。在这个循环里，产生其他行会使自身衰竭，就像儿子会使母亲疲惫一样。这样的两行常被称为母行与子行。例如，水生木，用相反的逻辑就可推出木泄土，这就是相泄循环。

土能抑制火。

火能抑制木。

木能抑制水。

水能抑制土。

然后，又开始再一轮循环。

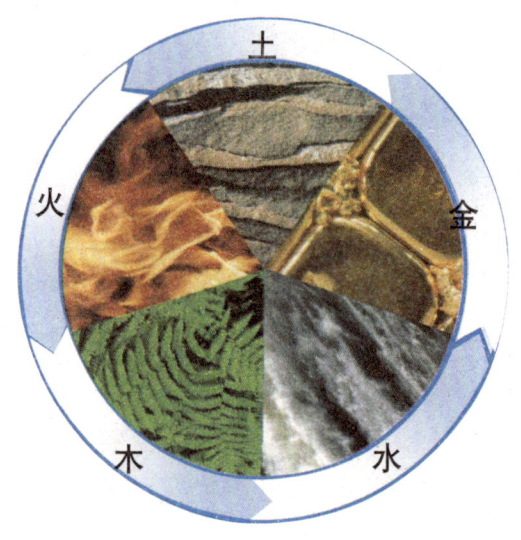

★相泄循环。

第二章　风水原理

运用相泄循环比用相生循环复杂得多。经常会有这样的情况，即某行过盛需要削弱但又不想完全破坏，这时就可通过运用它的泄行来实现。

★生锈的铁显示水是如何泄铁的。在相生循环里，铁生水（铁的表面会产生水珠）。

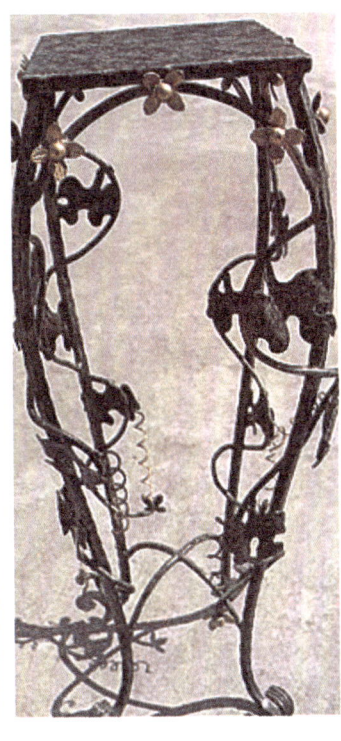

⑥运用五行循环

下面,通过一个问题来尝试运用一下五行的理论。

假设屋内有块地方主要是木,但这块地方却放置了金属的文件柜,因此,木为金所害,该怎么办?把金属柜搬走?有时不太实际。用木柜取代它?从时尚角度看,木柜有重新流行之势。以火克金?会起作用,但如把柜子漆成红色,则对水不利。那放置属性为水的物质如何?

选择最后一种是最聪明的做法。在相生循环里,水生木,但在相泄循环里,水能减弱金对木的破坏力。因此,选择最后一种做法就可一举两得。

有了以上的说明,现在回过头来看一下五行相生相克的循环,就会明白它们是如何作用的。

三、中国人的宇宙哲学

在这里，将介绍一些作为中国宇宙哲学的补充的各种符号。中国人认为万物由太极所生，太极生阴阳、男女、力量与物质，这些构成了《易经》的八卦。每两卦组成一个六爻，它是《易经》的基础。这本神奇的经书使人可以预测未来。《易经》和八卦是风水中非常重要的部分。现在，不妨一起来了解一下这些卦象之间的关系及其对风水的意义。

注意，这里很多组符号都是12的倍数：

1×12=12地支

2×12=24山

5×12=67龙

6×12=72龙

10×12=120分金

30×12=罗盘的360度

风水罗盘上有5组符号是以五行为基准的：

1×5=5行

2×5=10天干

12×5=60龙

24×5=120分金

72×5=罗盘的360度

1.宇宙哲学符号

风水罗盘上所用的符号有：阴阳、五行、八卦、十天干、十二地支、二十四山、六十龙、七十二龙、一百二十分金到三百六十刻度。

所有这些符号都源于阴阳，它们之间相互对应。首先，是阴阳，其余的符号和特定的数字一一对应。

左边数字都是有规律的，如果弄懂了简单的东西，其余的都会迎刃而解。现在，从宇宙产生以前的混沌状态开始讲起。

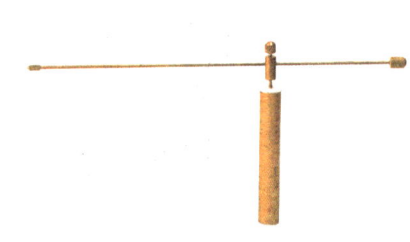

2.太极

数字是从零开始的,接着下一个数字是1,即太极。太极产生阴阳,阴阳生万物。这是中国人看待宇宙的口诀。

"万"字有一种特别的写法,看起来像是一条曲折的河流,在风水上有着象征意义。

太极是万物之源。

太极图

太极图看起来像两个锁在一起的蝌蚪或鱼,一个是黑色的(阴),另一个是白色的(阳)。在每个图案中有相反颜色的小圆点,预示着太阴孕育着阳,太阳孕育着阴。

阴阳鱼头尾相连,预示阴阳相依。太极图可以不同的角度放置,不管怎样放,效果都一样。不过,传统上正确的放置方法是阳鱼的头冲上放置,因为天(阳)位于地(阴)之上。

> **小贴士 Tips**
> 万象征着无数,意味着不朽。

★太极图。

3. 阴阳

理解阴阳的第一个关键是理解阴阳的循环关系。在五行中，阴阳循环往复地从一行转变到另一行。例如，隆冬至阴之时，什么即将出生？是阳的种子，即春天。

★隆冬（阴）里身披白雪的树木会在春天（阳）开始新一轮的生长。

(1)宇宙之始

中国科学家不是用宇宙大爆炸理论，而是用太极生阴阳的观点来分析宇宙起源的。这两种观点截然不同，体现了文化上的差异性。中国人的阴阳理论非常实用，而西方的宇宙大爆炸理论却无此功用。阳是一切明显的、明亮的、主动的、雄性的东西，而阴则包含了宇宙中秘密的、黑暗的、被动的、雌性的一面。

(2) 最基本的联系

三元风水的罗盘上有《易经》的六十四卦,仅从这点就可知道风水与《易经》是密不可分的。循环转化是预测变化和制造变化的关键(通过运用风水)。

理解阴阳的第二个关键是,当自然万物向极至发展时,它的对立面也就产生了。因此,老阳如果继续发展到太阳时,就会立即向对立面少阴发展,反之亦然。

为什么这点如此重要呢?通常人们会认为事物是在极阳和极阴之间平均地发展的,就像正弦波一样,其实不然。当阴阳到达极至时,对立面就会随即产生。

(3) 阴阳对应物

阴阳通常被解释为相反的一对物体。现把传统的一些阴阳对应物列表如下。

阴	阳	阴	阳
黑暗	光明	阴暗	晴朗
冷	热	雄	雌
软	硬	脆弱	坚实
死	生	夜	昼
被动	主动	月	日
水	山	地	天
虎	龙	冬	夏

4. 明暗、男女

很多人容易犯这样的错误,即把冷、暗等本质归于女性,把光、明等本质归于男性。其实任何事物都有两个方面,这是《易经》的精髓。如果两极之间没有这种相互关联,将没有运动、没有生命、没有生育,只有平淡乏味。

当人们说一间屋子里需要更多的阳时,很明显要用暖色,如

第二章　风水原理

黄、橙等颜色；在一间需要阴多一点的房子里，则要用如蓝色等这样的冷色。

众所周知，风水讲究的是平衡，所以，很大一部分工作都是为了保持阴阳平衡。例如，有人认为最理想的搭配是阴占2/5，阳占3/5，阴阳平衡才会气流顺畅，给人们的生活带来积极的影响。

阴阳爻

阴性和阳性通过书面符号表现出来，阴（女性）就是一条断续的线，即阴爻，而阳（男性）则是一条连续的线，即阳爻。这两个符号是代表一切事件阴阳两性的标志。每三个阴阳爻为一卦，卦是风水的支柱之一。

四、卦和洛书

本节将深入了解八卦及其相互关系，还有与自然和家庭的关系。八卦的排法主要有两种。八卦是揭示很多风水之谜的关键。在这里，还将了解到风水另一个重要的图表——洛书，即九个格子的方块（九宫）。

1.卦和六爻

每三个阴爻、阳爻为一卦。堆木头要从下面堆起，卦也是从最下面的爻开始算起。这样的组合共有八种，即构成八卦。

六爻是由六个爻（阴阳）构成的，像卦一样，六爻也是从最下面的一爻开始算起。

★离卦，从下面数起，是由一阳爻、一阴爻、一阴爻构成。

第二章 风水原理

★一个六爻是由两个卦相叠而成。

六爻

六爻常被看成上下叠加起来的两个卦，因此，六爻也被称为卦，这点常令人很迷惑。六爻共有64个，古人认为这六十四卦囊括了自然界每一种变化的可能性（包括各行各业）。

2. 八卦的含义

八卦有诸多含义，《易经》的附录是对卦最古老的解释，据传可能是公元前6世纪孔子所作。为简单起见，在这里将用图表（第62～63页）列出这些解释。

3. 八卦和其他的关系

八卦是中国文化基础之一。卦是由三条阴爻或阳爻构成的，这样的组合共有八种，因此有八卦。

五行和八卦被认为是万能的。它们不仅构成了风水的基础，而且还构成了针灸、针压、推拿按摩、中草药、宇宙观、食物搭配、武术、房中术和许多其他艺术、科学，甚至传统绘画的基础。

尽管八卦乍看上去不易区分，但接触之后就会发现它们各不相同。每一卦的基本解释都在《易经》的附录里。

> **小贴士 Tips**
>
> 八卦的算法实质上是二进制的。在18世纪早期，微积分的发明者COFFFRIED LEIBNITZ就承认，易经是一种复杂的六位二进制算术。最近，人们甚至把六爻和复杂的DNA二进制进行了比较。

八卦

卦	五行	方位（先天八卦）	方位（后天八卦）	数字	季节
乾	大金	南	西北	6	深秋
坤	大地	北	西南	2	晚夏
震	木	东北	东	3	春
坎	水	西	北	1	隆冬
艮	小地	西北	东北	8	早春
巽	小木	西南	东南	4	早夏
离	火	东	南	9	夏
兑	小金	东南	西	7	秋

第二章　风水原理

颜色	家族	动物	身体部位	其他
金、银、白	父	龙、马	头、肺	创造力、力量、圆形、生命力、天空、能量、固定、天体、宝石、王子、果树
黄	母	牡马、公牛	胃、腹	理解力、出产、营养、顺从、布、锅炉、吝啬、大车、数字、多数、把手
绿	长子	飞马、飞龙	脚	运动、激励、感情、发展、高路、决定、猛烈、竹、急流
黑	次子	猪	耳	弯曲的物体、流水、危险、溪渠、暗藏之物、弓、轮、焦急、前兆、精神饱满、低着的头、贼、坚树
黄	幼子	狗、老鼠、黑鸟	手指	稳固、静止、大门、水果、种子、填塞、道路、小岩石、黄瓜、挑夫、太监、戒指
绿	长女	母鸡、家禽	大腿	轻柔、渗透、生长、植物生长、长度、高度、前后运动、秃头、宽额
红	次女	雉、蟾蜍、螃蟹、蜊牛、蚌、乌龟	眼、心	附着、依赖、武器、旱、明、美、头盔、剑矛、干
金、银、白	幼女	绵羊	口舌	欢乐、乐趣、平静、反射、镜中影像、妾、巫师

(1)天、地和自然现象

理解八卦的关键是了解它们的名称。除了乾（天）坤（地）外，其余各卦均用自然现象予以描述，换言之，是用风水的名词。这些名称都是非常实在之物而非想象的那样虚构。每个都有具体的形象，而且经常成对出现。

天地之后是两种天光，太阳（离）和月亮（坎）。接下来是两种气候的气，闪电（震）和风（巽）。最后两个对风水很关键，即山（亘）和湖（兑）。因此，当列出表时，就会看出八卦分为阴阳两组。

接下来，如果按先天八卦顺序把八卦放在罗盘上，就会看到每一卦与它相反方向的卦构成一对。

(2)先天八卦

下表显示的是根据先天八卦图来进行的阴阳分布。

阳			阴		
南	天	乾	坤	地	北
东	日	离	坎	月	西
东北	电	震	巽	风	西南
西北	山	亘	兑	湖	东南

天与地分别位于南北的至阴和至阳。同样，太阳（东）对着月亮（西），闪电（东北）对着风（西南），山（西北）是对着湖（东南）。

(3)对称规律

从上往下看上面的表格：左边的天、日、电、山都是强壮的阳，而右边的地、月、风、湖都是柔弱的阴。八卦并不难理解。

上面的表格里，每一行的两边都是对应的，先是天象的天与地，再是日、月，接下来是气象里的电与风，最后是地表的山与湖。

表格里的天、地、日、月分别位于四方。很容易理解为什么太阳位于东，因为太阳从东边升起，而与白天对应的是黑夜，因此，月亮位于相反的方向，即西方。

第二章 风水原理

自然现象如山、湖、电、风位于罗盘的正向之间（西北、西南、东南和东北），人们把这些方向叫做四维。

记住：这里用的是先天八卦而非后天八卦，两者的顺序截然不同。

4.先天八卦和后天八卦次序

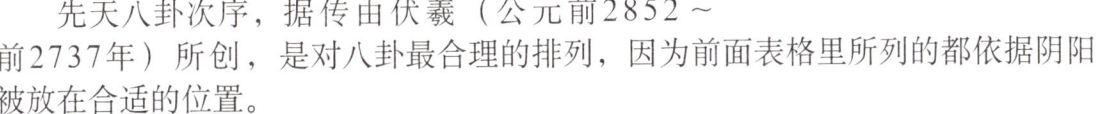

八卦的排列次序，按阶乘共有 $1×2××3×4×5×6×7×8=40,320$ 种可能。幸好，风水里用的只是其中的两种：先天八卦和后天八卦顺序（有趣的是，40、320这两个数字可以被风水里反复出现的数字整除，如5、8、10、12、16、24、28、60、72、120等）。

先天八卦次序，据传由伏羲（公元前2852～前2737年）所创，是对八卦最合理的排列，因为前面表格里所列的都依据阴阳被放在合适的位置。

与此相对照，后天八卦传说是出自周初（公元前1027～公元221年）的周文王之手。人们认为它更贴近现实世界，所以常被用来勘察住宅和办公室的内部风水。但如果像看先天八卦一样仔细看一下后天八卦，就会发现它内在的惊人的逻辑性。

(1)后天八卦次序的八卦

阳				阴			
西北	天	乾		巽	风	东南	
南	日	离		坎	月	北	
东	电	震		兑	泽	西	
东北	山	艮		坤	地	西南	

日、月仍是相对的，但角度转了90度。山与地相对，风是天的阴的一面，而泽则与震相对。

(2) 八卦的排列

八卦的字面意思是八个卦，但这个词也指八个卦依次排列构成的八字形图案。

正如八字形的八卦镜上的八卦大多数是依先天八卦次序排列，把八卦排成八字形的传统做法对观看其对应的八方来说非常有用。

(3) 先天八卦次序

这两种八卦次序对风水来说非常重要。先天八卦是理想的顺序，用在与天有关的事物上，所以，它被用来测算建筑外部的影响，因为这部分与天相连。

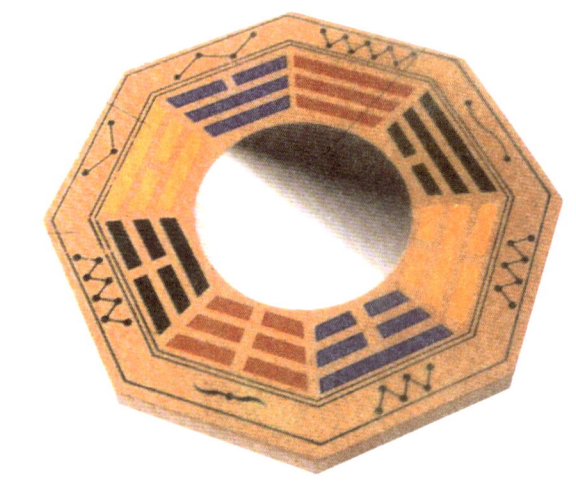

★这面八卦镜反映的是先天八卦顺序。

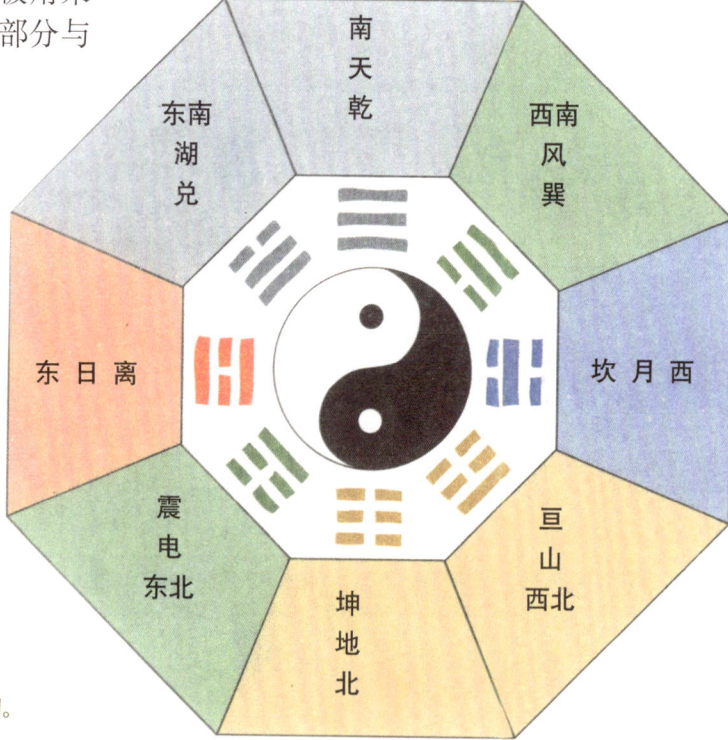

★所有的卦象是从按里往外的方向来看的。

(4)后天八卦次序

与先天八卦相反,后天八卦一般用于测算住宅和办公室的风水,特别是用来判定室内的方向和坐落。

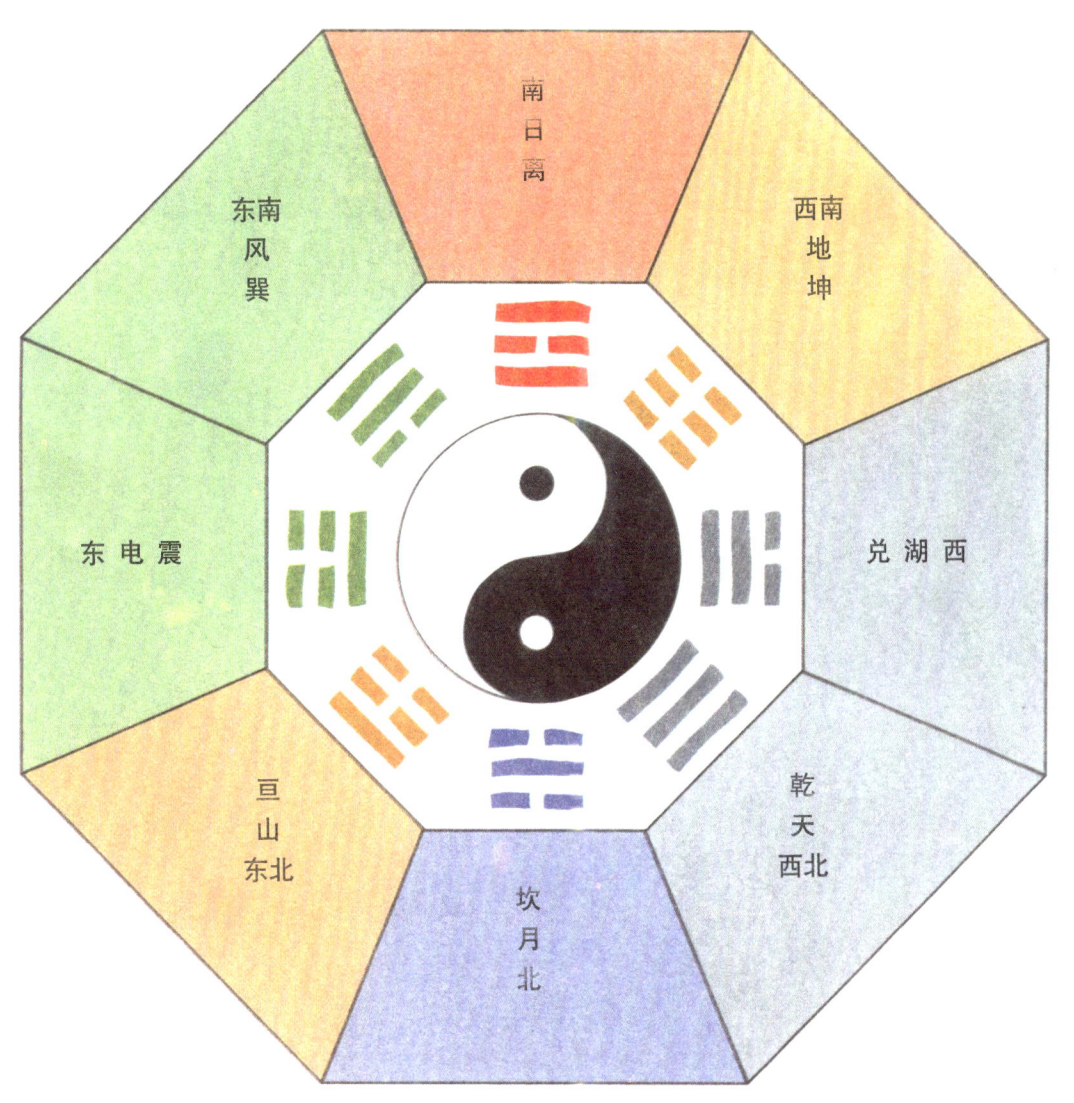

★后天八卦次序。

(5) 家庭在八卦上的位置

从现在开始，所讲的几乎全部是后天八卦。八卦是风水、占星术及中国文化很多方面最通用和最重要的一部分。因此，毫不奇怪，八卦也可用于家庭，把每个家庭成员与一个卦对应起来，这对如何通过改变风水以影响某个家庭成员来说非常实用。

女性（阴）家庭成员放在右边，男性（阳）家庭成员放在左边。简单来说，八卦可用来安排全家人在饭桌上的坐次。

(6) 家庭成员和对应的卦象

在下面的表格中，会再次发现阴阳对应的原则。

阳			阴		
西南	父	乾	坤	母	西北
东	长子	震	巽	长女	东南
北	次子	坎	离	次女	南
东北	幼子	艮	兑	幼女	西

5. 神奇的洛书九宫图

神奇的洛书九宫图是理解风水最古老和重点内容之一。它是一个井字形的格子，内有1~9个数字，但排列顺序很奇特。"9"这个最大的阳数被放在南方，而"1"这个最小的数被放在北方（奇数为阳，偶数为阴）。

关于洛书的起源有个古老的传说，大禹时代（公元前2205~2197年在位），从洛河里爬出一只身刻图案的乌龟，洛书因此而得名。龟壳上的方格里当时刻的并不是数字，而是小点，小点的数目就是相应的数字。乌龟是风水里重要的动物之一。

★基础洛书。

4	9	2
3	5	7
8	1	6

第二章 风水原理

(1)符号象征

在这个故事里,有很多象征意义的符号,如乌龟象征着北。大禹治水时发现了乌龟,因此,洛书在某种意义上象征着治水。

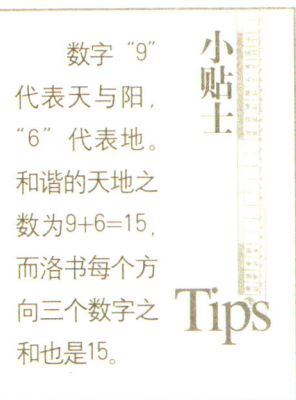

小贴士 Tips
数字"9"代表天与阳,"6"代表地。和谐的天地之数为9+6=15,而洛书每个方向三个数字之和也是15。

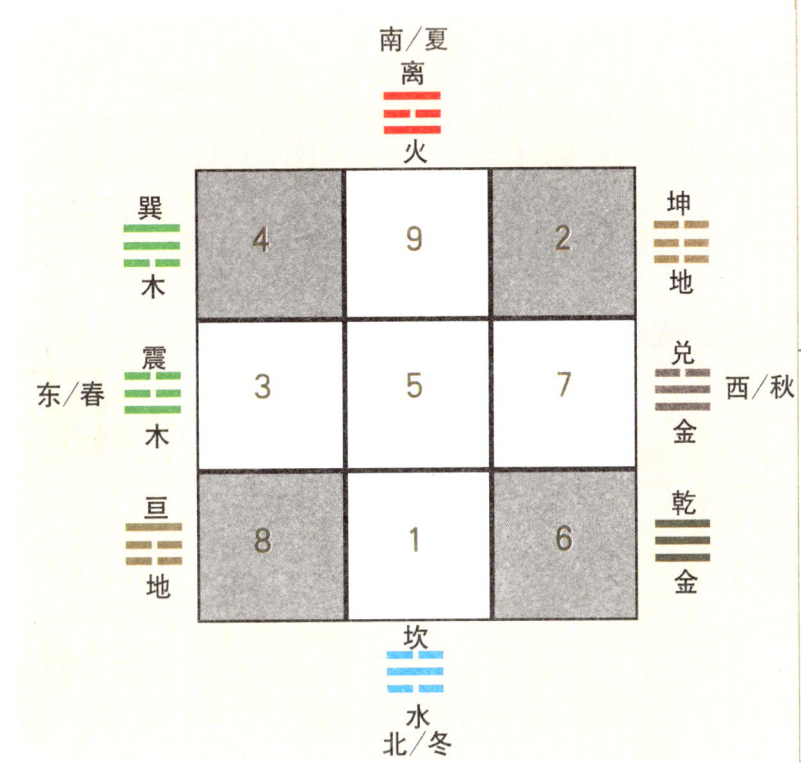

★把八卦加于洛书后,洛书就成为设计住宅和办公室布局的主要风水图案。

另一个关于洛书起源的传说是伏羲在一个神秘的山洞里将洛书传给大禹。前面曾谈到过伏羲发明了构成《易经》基础的八卦,因此,洛书和伏羲的八卦应有渊源。

我们可以把八卦加在洛书上,从而赋予其更多的意义。毫不奇怪,大家会发现八卦在洛书上的排列和后天八卦图完全一致,洛书中间的一格是五行的土。

(2)洛书神奇之处

洛书很神奇,因为无论从哪个方向算,横着、竖着,甚至是斜着,每行三个数字之合都是15。

(3) 其他文化中的洛书

洛书成为许多传统神秘文化的一部分至少有2000多年了,在阿拉伯、希伯来和其他中东神秘文化中,有七个类似的方块,每个与一个行星相对应,如土星、木星、火星、太阳、水星、金星和月亮(古人尚不知道天王星、海王星和王星,且把太阳和月亮看成行星)。

每个行星都对应一个方块,其中最简单的是土星的"3×3=9",最复杂的是月亮的"9×9=81"。每个方块中无论从哪个方向算,所得的数字都是相同的(不管横向、纵向还是斜向)。这七个方块被称为KAMEAS。

在这里,只需对最简单的土星方块感兴趣就足够了,这个方块也被认为是地球的方块,而风水和我们脚下的大地的能量有关,因此,让地球、土星共用一方块令人惊奇。

令人更为惊奇的是,每个方块都有一条特别的"之"字线把其中每个格子里的数字按顺序连起来。另外,土星的"之"字线与洛书上的"之"字线完全相同。

很难说中东地区的土星方块和中国的洛书哪个更久远。根据大禹发现洛书的日期,人们会倾向于认为中国的洛书更早。但令人不解的是为什么中东有7个完美的方块而中国只有洛书一个。

更进一步的线索是,在中东地区,每个方块与一个字母对应,而中国没有字母,因此,看起来7个方块更像是发源于中东地区,而只有"3×3=9"这个方块通过丝绸之路传到了中国。

还有,如果是大禹发现洛书的话,那他应该发现出与中东地区同样多的方块来才对。

第二章 风水原理

(4)运用加上八卦的洛书

利用洛书的简单方法就是把它放在自己的房间装饰计划图上。洛书中最强的阳数"9"应放在家里的南面，而最小的阳数"1"则放在北面。如果家中的主要墙指向罗盘上的正向，那么洛书正好适合自己的装饰计划。如果相反，家中的墙面正对着罗盘上的正向，那么就把洛书斜放，使数字"9"仍正对南方。

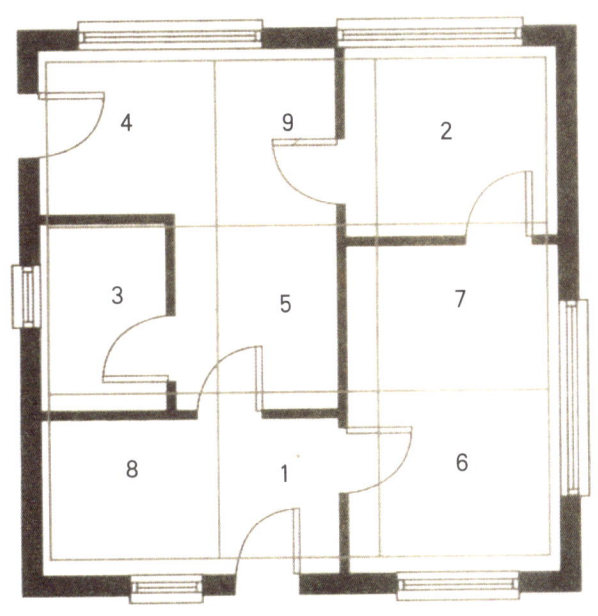

★把洛书与房屋计划图对应放好是看家中风水的关键。

本章小结： 风水主要考虑5个因素，即气、位置、地磁、八卦方向和五行，尤其是水。中国风水把方位和五行看成是互相关联的，不像西方科学那样把它看成是不同的现象。阴阳构成了风水的二元结构。八卦对应着一系列的颜色、方向、家庭成员和其他的物体。八卦的排列次序主要有两种，即先天八卦和后天八卦。先天八卦用于室外，而后天八卦用于室内。

实用风水

一、居家风水
二、商业风水和颜色、镜子

第三章　室内风水

本章将主要介绍如何通过调整室内的气流和分布来学习实际运用风水。如：风水是如何影响自己；水是如何影响家中的风水；人们如何在住宅和办公室运用风水来聚集生气，以改变生活的方方面面；如何应用颜色改变室内风水；风水如何影响自己的生意以及如何在办公室里应用风水使之最为有利等。另外，过道和楼梯引导气在房间里的流动，因此，是影响风水的一个重要因素。

一、居家风水

先来看看房间的格局。根据方向不同，共有八种类型的住房和建筑，即北向、南向、东向、西向、东北向、西北向、东南向和西南向。根据房间朝向的不同，各部分最适宜的用途也各不相同。

第三章 室内风水

1.室内格局

　　室内的各个房间并非同等重要，人在里面呆的时间长的房间更重要一些，如卧室、客厅、书房和餐厅。卫生间和厨房这些使用水的湿房间也很重要，它们也会对家里的风水产生很大影响。厨房在风水上的地位比较特别，不仅因为其中有代表两行的物质——水和火，还因为它是准备全家人食物和营养的地方。

　　风水对住宅内的格局有特定的要求，然而房间的格局往往非你我可控制。当

实用风水

设计师设计住宅或办公室时,他从一张白纸开始,可以随心所欲地把特定的房间如卧室、厨房放在想放的位置。房子建成后,受管道和走道所限,我们不得不按设计的方案利用房间。例如,卫生间不可能改成卧室。

房间对气的要求的规则可以总结如下:

◆ 正门口应无障碍物,以利气进入,同时要能防煞气入室。
◆ 气应在房间里自由循环,即不受阻滞又不会快速直冲。
◆ 吉气应加以激励,而不吉之气应当予以限制。

(1)传统的中国庭院

有关房间格局的规则在某些方面是依照古民居院落而设,中央是一片开阔的空地,户主的卧室在院子的后部,孩子的卧室位于阳气较盛的东厢房,长辈的卧室则被安排在西厢,因这里阴气较盛,适宜年迈的老人。

中国古民居院落中央有块露天的空地,用来接受来自上天的雨水和生气。

风水上还认为,像卫生间这样关乎隐私的房间应该远离正门。同样,用来娱乐休闲的半公开的房间应该离正门较近。越隐私的房间应该离正门越远。

★古民居落中央有块露天的空地,用来接受来自上天的雨水和生气。

小贴士 Tips：罗马建筑的庭院中,也有类似的前庭和接纳雨水的蓄水池。这样的房子在地中海和拉美国家里也有相当长的历史。中国和西方在建筑布局上不谋而合,的确是个有趣的现象。

第三章　室内风水

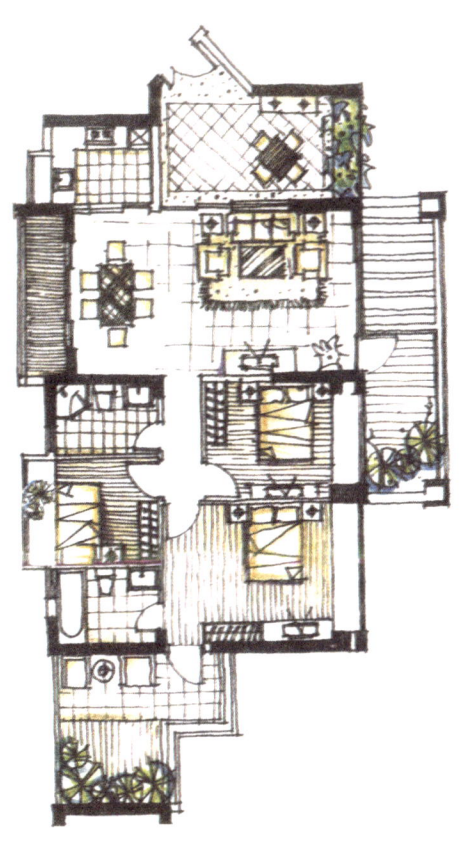

★如果碰巧自己从头建房或扩建现有住宅，不要把设计全都交给建筑师来完成。自己最好想想每个房间的用途和在风水上的意义。

如果自己有幸建造自己的住宅或办公室，就要想好每个房间的用途，不要把这些全都交给建筑师。这个原则同样适用于商业风水。风水上认为，应把老板的办公室安排在远离主要入口和服务通道的地方，这是常识，值得借鉴。

(2) 有问题的地方

住宅中有麻烦的地方要进行限制或尽量不去刺激，这是条常用的原则。这里说的麻烦指的是家中位置不太吉利的房间或湿房间。最好不要把这样的房间用作客厅、吃饭或睡觉的房间，应当尽量不去动。

许多人都在设法利用自己现有的住房，也许有的人房间不够用，但有的人房间多到可以奢侈地任意挑选睡在哪一间或者把哪个房间当作家庭办公室，即使这样也不要认为最大的或是风景最好的房间就是好的。相反，要多花点时间作些计算，来看看房间的风水。

2. 住宅类型和八卦

根据住宅类型或朝向的不同，某些房间更适于某种用途。方位较好的房间应作为客厅、餐厅或卧室，而家里生气较少的部位最好少用，或当作储藏室和湿房间。

请看下页表格的第一行，在离宅里，客厅、餐厅和卧室最好位于家里的东、东南、北或南等方位，而客卧、储物间、湿房间（像厨房、卫生间）适宜放在东北、西南、西和西北等方位。

★要想发现住宅中哪个方位气旺或气滞，以及哪个房间坐落最好，就必须知道自己住宅的朝向。

第三章 室内风水

最佳房间分布表

知道住宅的朝向后，就可以利用下表确定不同的房间在家中的最佳位置。最佳的方位按从左到右递减的顺序排列。

朝向	八卦类型	客厅、餐厅、卧室最佳方位	储物间、浴室、厕所和厨房的最佳方位
北	离	东、东南、北、南	东北、西南、西、西北
东北	坤	东北、西、西北、西南	东、南、东南、北
东	兑	西北、西南、东北、西	北、东南、南、东
东南	乾	西、东北、西南、西北	东南、北、东、南
南	坎	东南、东、南、北	西、西北、东北、西南
西南	艮	西南、西北、西、东北	南、东、北、东北
西	震	南、北、东南、东	西南、东北、西北、西
西北	巽	北、南、东、东南	西北、西、西南、东北

★在一个朝南的坎宅中，最理想的卧室位置应是东南角。另一个需要注意的原则是朝南或东南的窗户应比朝北的窗户大。

实用风水

3.门和窗

门也是一个重要的考虑因素，因为气沿过道通过门流动。气的流动应是轻缓、曲折的。三门对穿（排成一串）被认为是坏风水，实际上，两门对穿已然不吉。有些人将"三门对窗"说成是"一面墙上并列的三个门"，其实，这样的门并无问题，如酒店的客房通常是这样。

问题在于三个门排成一串，因而气可以直流而过，速度飞快，而气应当是缓缓曲折流动的。在此情况下，应当在气经过的路上挂一个风铃，以打乱气流，减缓其流速。

(1)公寓的门

公寓楼里的公寓还要考虑另一个因素，就是它们有两个前门，即公寓楼的大门和每个公寓单元的门。决定哪个门是前门，对确定住宅朝向很重要。气的入口是至关重要的，因此，很明显地，作为整栋建筑物气的入口的大门朝向最重要。

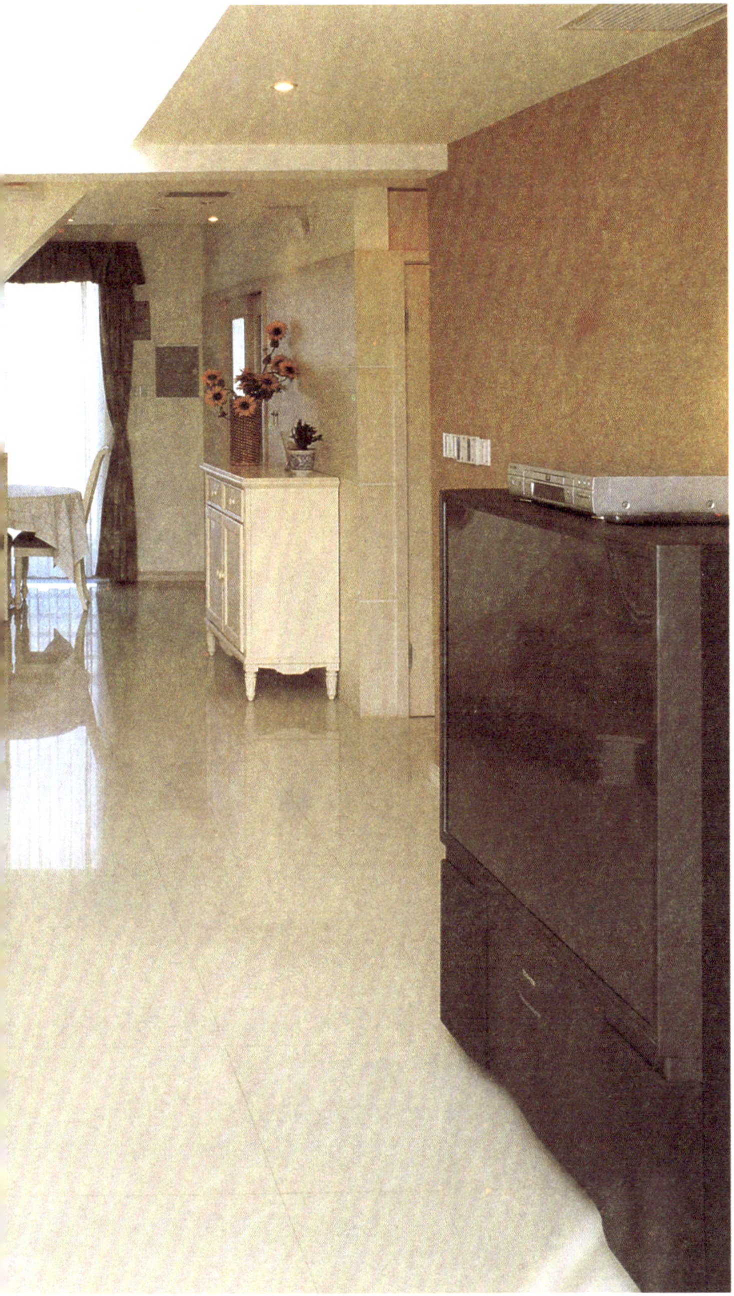

第三章　室内风水

一居室的公寓房或卧室兼起居室是个特例，因为室内很少或不作分割。一居室公寓房是个独立的天地，它的前门对着主要起居室，煞气也以长驱直入，因此，必须考虑如何阻挡煞气。

在传统的住宅里，于进门（或门外）的地方放一个屏风，这样一来，任何人或物体都要绕道而行，不能直接闯入。

传统的中国思想认为，邪气总是沿着直线运动，因此，不能绕过屏风。

如果空间有限，像一居室公寓房，放这样的屏风很可能不太实际。

★在阁楼或一居室的公寓房里，正门正对着主要起居室，使得煞气不受阻挡。不过，当室内有几面墙时，就可通过增强起居区的不同部位来达到改变风水的目的。

实用风水

(2)窗户

窗户应当有助于阴阳平衡。像中世纪的城堡那样的小窗户被认为是坏风水，因为它们易使屋子太阴暗，也就是阴气太重。与此相反，巨大的落地窗，有大量的阳光照射进来，屋子又太亮、太热，也就是阳气太盛，也不好。房间应加以保护，但不能因此太暗。

★宽敞明亮不被遮挡的房间使住在里面的人精神振奋而舒适。这间房子的好处还在于有祥和、充满绿意的外景。

注意，好风水的阴阳比例是阳占3/5，阴占2/5，光线的明暗比例尤其应该是这样。

另一个考虑因素是从窗里往外可以看到什么。如果看到压抑的或是毒箭状的东西，那么最好用屏风挡住窗户或经常拉上窗帘。常见的构成毒箭的东西有以下几种：

◆附近遮挡住宅的高大建筑。
◆正对着自家窗户的一栋建筑物的角。

第三章 室内风水

◆直冲着自家窗户而来的，离窗户不远处急转弯的路。
◆任何带尖的物体，如电视天线或教堂尖塔。

(3)室内的门

窗户和室内的门是气进入各个房间的入口。找出不宜在房间哪些地方坐下或睡觉的简便方法是想象风水所说的气是和穿堂风一样进入房间的。

如果窗户和门正对着，就会有穿堂风吹过。同样，人也不应当坐在有穿堂气的地方，尤其不应当背对着门口坐，也不应背着窗户坐。

★放在开着的门窗之间的扶椅就是位于穿堂气中间，坐在上面会感到不舒适。

4. 前门

前门是房屋风水中最重要的考虑因素，风水中首要的气是通过它进入建筑物内的。别的地方如窗户和边门也是气的入口，但前门是气最重要的入口。

整个房子的入口，对风水测算来说至关重要。不同朝向的正门"吸入"不同种类的气。气，有时被称为宇宙的呼吸。

在考虑一个建筑的风水时，要仔细观察气在房间内流动的路线。气的主要入口当然是前门。在风水上，前门的朝向之所以如此重要，是因为它影响进入建筑物内的气的类型。这也是为什么做任何风水判断之前，必须用一个罗盘准确测算气的类型的原因。

(1) 衰气

如果把房间看成是活的器官，前门正对着堆满垃圾桶的小胡同，进入房间的气被浊气污染，就成了衰气，而不是帮助房主兴旺发达的生气。以此类推，前门也不应当对着死水、墓地（衰气极重）和屠场。

前门对着像运动场这样有很多人来来往往的地方也是不吉的，因为这样的地方扰乱了气的流动。

(2) 明堂

改善居家风水最简便的做法是清理前门外的地方。最理想的门口应是一块开阔、宽敞的地方，称为明堂。明堂可聚集生气并将之送入室内。

★房子门口应有一块开阔的地方，即明堂，气可大此聚集后进入室内。

第三章　室内风水

前门的朝向决定了进入房间的气的类型。从前面可知，八方分别对应一个卦。这样就可以知道每个方向的气的种类。比如，朝南的大门，属乾位，进来的气是阳刚的阳气，相反，进入坤位的北向大门的则是较阴的气。因此，大门的朝向非常重要，并且还会影响更复杂的风水术，像飞星风水。

小贴士 Tips

前门口应有一个整洁、宽敞的大厅。

前门绝不能直冲浴室。

前门不应正对镜子，因为镜子会把进入房间的吉气反射回去。

绝不能堆放任何杂物阻塞门口。

前门口的正上方不能有浴室。

★直对着前门铺的路会带来不好的气，院门的柱子增强了路的"毒箭"效应。

(3)毒箭和前门

另外，就是看是否有像毒箭一样的东西对着大门。如果有的话，试着用什么东西把它挡住，比如建一个篱笆或一道矮墙。

如果作用不明显，毒箭又是一个大东西的话，那就在前门正上方对着毒箭的方向挂一面八卦镜来化解。千万不要在家里或办公室内挂八卦镜。

5.客厅、餐厅和卧室

住宅是家人停留时间最长、活动最多的地方。客厅常常是实施风水补救措施的地方。餐厅如此重要，是因为食物象征着全家人的营养。卧室的特别要求和每个房间的家具摆设都要特别考虑，尤其是儿童卧房。

(1)客厅

客厅是全家人的活动中心，是除了卧室以外用得最多的房间。通常情况下，客厅是进行风水改造的主要房间。因此，客厅是整个住宅的缩影，在这里进行的改造将影响到整个家庭。

在客厅和其他的房间放置家具应遵守下列规则：

◆在摆放家具时应注意不要形成死角，以防气受阻滞。

◆椅子不要背对着门放置。

◆房子里的家具或家具摆设不要有尖角，如果有，就要重新调整家具的布置。

◆通过用帘子或室内植物遮挡的方式，尽量减少可能构成的暗箭的凸起尖角。

◆尽量避免L状的家具摆设，这样会产生尖角。

第三章 室内风水

★书架或架子也会产生煞气，所以应当通过安上门等方法来尽量减少这种煞气。

◆确保室内照明光线适宜。

把电视放在中心位置是现代的流行时尚，但在这里建议大家尽量把电视和音响放置在屋子的西侧或西北侧（金）。如果房间有几个门，在考虑到气在屋内的流动时，应当把其中的一个当作主门。椅子不要面对面放着（除了在餐桌旁），应尽量使它们的角度成90度或45度。

把家具巧妙地组合摆放比僵化的L状摆设或把椅子一字排开靠墙放着要好。

避免把椅子放在悬梁下。如果无法避免，可用风笛之类的东西引导气，进行化解。

把家人常坐的椅子朝着他们各自的四个最佳方位中的一个放置。

应保持屋子整体阴阳平衡。如果沉重的深色家具太多（阴），应该用明亮的挂饰物、墙的亮色或灯火进行补救。

吊在屋子中间的树枝形的装饰灯是好风水，因为它不仅带来充足的光线，而且象征着火。根据五行相生的循环，火生土，而根据八卦方位来说，土正好位于屋子正中间。

如果发现改变整个住宅的八卦风水不现实，便可以通过改变客厅的一部分来解决问题。例如，想改变屋子西南角的风水，但发现那里改动不了（比如是个浴室），改动一下客厅的西南角也会产生同样的效果。

(2) 餐厅

餐厅是家人吃饭的地方。对中国人来说，吃好与幸福紧密相连，而西方人则不然。中餐宴上的丰盛的菜即体现了这种观念。菜盘越多就意味着举行宴会的家庭越富裕，因而，餐厅的摆设应慎重考虑。

常用的做法是在餐桌对面安放一面镜子，以象征性地增加菜的数量。但在镜子的对面切不可再放一面镜子。

在某些情况下，在解释气的运动时会把它人性化，但不要忘记"气是能量的一种形式"。

① 一般考虑

因为餐厅关乎全家人的营养，理想的位置应位于家里中心附近，绝不应直接对着街道或公共场所。

如果是复式的房子，要尽量使餐厅不要位于上层浴室的正下方。很明显，让污水压着全家人的源泉是不利的。同样，餐厅也不应在厨房的正下方。

餐厅里挂的画应该与食物或其他吉祥物有关。中国文化里，桃子和橘子特别吉祥。橘子的金色象征着财富，而桃子则暗示着长寿和子孙满堂。

摆设餐桌时要注意使家人能互相看清楚。老式的家庭或餐馆里，桌子正中间往往放置一个大容器用来插花或放调味罐，这样的摆设不可取。应尽可能地减少餐厅内的阴气，比如，不要摆放沉重的古董或其他深色的装饰品。另外，还应注意以下原则：

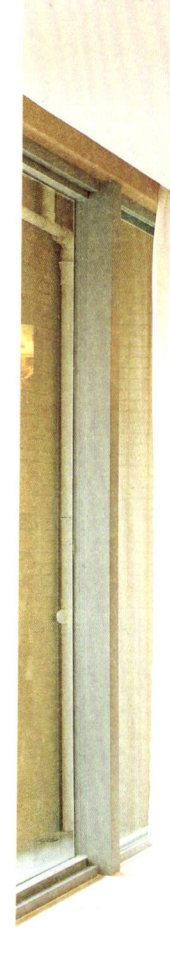

第三章　室内风水

★餐桌正上方的吊灯是好风水，但不要太沉或太压抑。最好用圆餐桌或者圆角的桌子，用阳色来装饰餐厅。如果餐厅位于房子中央，则适宜用土色调的装饰。

实用风水

◆餐厅里的阳气应占主导（与之相反，卧室里阴气应更盛些）。因此，装饰应主要用阳色调，如红、粉红、黄、橙或浅绿。

◆如果餐厅位于房中央，那么方位属土，最适合黄色和土色。

◆一家之主的坐椅应背靠着坚实的墙。

◆不要把餐桌放在悬梁或者树枝形的装饰灯下。

◆餐厅的门不要正对着湿房间，如厕所、浴室和厨房。因为这些地方会破坏餐厅里的吉气。当然，厕所、浴室不应正对着餐厅的门也是健康常识。

◆餐厅和浴室不应共用一面墙。

第三章 室内风水

②家人在餐桌上的坐位

坐在正确的位子上对每个家人来说都很重要，这可以根据人与八卦的关系而确定。

每个人根据先天八卦次序坐在圆形或八角形的餐桌旁是最理想的。例如，男主人应坐西北角，即乾位，女主人则坐在西南角坤的位置，而小女儿应坐在西方兑位。

另一种更实际的坐法是让每个人对着他们四个最佳方位中的一个，特别是尽可能对着生气的位置。

★对中国人来说，餐桌上的坐次非常重要，长辈坐在最尊贵的位置。每人通常面向最佳方位而坐，最佳方位是根据各人的生日来确定的。

(3)卧室

卧室是影响风水的主要房间之一，因为人一生中有大约1/3的时间都在卧室里度过。人的身体对地球的磁场会做出反应，因此，床的方向尤其重要。

曾在不同旅馆住过的人可能会有这样的体会：有时候早上醒来，会觉得很舒服，而有时候则感到睡得糟透了。除去床本身和空调的因素外，这种巨大的差别是睡觉的方向不同所至。

如果可以选择卧室的话，最好是选择家中对自己最有利的方位。

卦数为二的人，选择家中的西南或东南方位作为卧室较为有利，因为这些方位是他们的生气所在。

卧室是休息的地方，因而阴气应占主导地位，不应该太多地进行风水补救，特别注意不应在屋里放水流装置或太多的植物。

以下是卧室的适宜和不宜的事项：

◆不要直接睡在横梁下，这样会干扰睡眠。从心理学上解释，就是当人睡着时潜意识里会把横梁看成威胁。

★床头板应靠在墙上以得到最大限度的依靠。但是，如果上方屋顶是斜的，则不吉利。

第三章　室内风水

实用风水

◆不要睡在吊柜下,因为吊柜在风水上非常不吉。

◆确保人可以在床上看到门口,这样当有人走近时也不会毫无觉察,而且人潜意识会对这样的情景感到不安。

◆不要脚正对着门。

◆不要把床放在与门窗中间的位置,穿堂气不利睡眠。

◆确保背后有坚实的依靠,把床头板坚实地靠在墙上。

◆床头后面不应有窗户或留有空地,这样床就无所依靠。

◆卧室的门不应与楼梯相对,否则会有强气流出入卧室。对于这种情况,可在门口地上安盏向上照射的强光灯,并使门常关。

同样,卧室门最好也不要隔着过道正对着别的门。

◆确保在床上看不到镜子里的影子,尤其不要在床正上方的天花板安装镜子。

◆确保没有尖墙角或大家具的尖角直对着床,在L状的卧室里通常会有这样的情况发生。

◆所有敞开的架子应用门遮住或安上门。

◆不要让浴室的门直对着床,因为水会吸走卧室里的吉气。

◆不要在卧室里放太多的阳性电器,比如电脑和电视。

◆不要在卧室里放植物,因为植物阳气太盛。

◆不要在卧室里放水的装置,因为水流干扰睡眠,还会招致厄运。

◆不要把床靠着不用的壁炉放置。

第三章 室内风水

①床的放置

在八个方位中,每个人都有四个好方位和四个坏方位:北、南、西、东、西北、西南、东北、东南。考虑上述因素,应使头部尽量对着自己的最佳方位睡觉,或者把头朝着第四个好方位入眠。

有时为了将就上述方位,会出现床冲墙角的情况,如是这样则不宜,因为床头板后面的三角形空洞象征无所依靠。

确保自己的床头有坚实的依靠并且没有大缝隙。

★把床头放到墙角是很坏的风水,因为床头的空洞无法依靠。把床头安置在两扇窗之间也会有穿堂气经过,这样于健康不利。

实用风水

②小孩房

孩子的卧室比较难处理。一方面,是因为它应该有足够多的阳气,另一方面,它又应该有足够多的阴气以使孩子在晚上入眠。解决方法是:把墙刷成明亮、轻快的阳色,以适合白天;而通过挂窗帘或调整灯光等方式则可在晚上创造更多的阴气。

★孩子的屋里不应当杂乱无章,床头板应坚实地靠在墙上。

第三章　室内风水

总体来说，东北、东、东南是家里阳气较盛的方位，因此，比西北、西南或西更适合做孩子的卧室。

前面提到过，特定的卧室方位与特定的家人相对应。这种设置方法深植于中国的传统之中。把特定的家人与特定的卦相联系，除了小女儿外，其他孩子的卧室都被安在家里的中间或东边。当然，这只是个理想的建议。只有家中房间足够多，才可有充分的选择。

方向	对应的家人
北	次子
西北	父
西（阴位）	幼女
西南	母
南	次女
东南	长女
东（强阳位）	长子
东北	幼子

注意事项：

首先，要确保没有东西压着床，大的灯影、横梁都属不利，最坏的是吊在头顶的架子。

其次，确保孩子的视线不受阻挡，使他可从床上看到门口乃至屋子的每个角落。这有利于心理，也是好的风水。确保床头板紧靠着墙，给孩子一个坚实的依靠。

不要把沉重的画挂在床后的墙上，因为孩子在睡着时对有东西掉下来的潜在威胁十分敏感。床尾也不应直接对着门口。

★通过运用这些风水原则，便可以使环境更安宁，帮助孩子熟睡，减少做恶梦的频率。

第三章 室内风水

从床上看不到镜子非常重要，这样孩子半夜醒来时就不会看到晃动的影子。否则是很坏的风水，可能使孩子更易在夜光中感到害怕。

孩子卧室里不要乱放杂物。天性使然，孩子往往把东西扔得到处都是。收拾东西忙得焦头烂额的大人们所能做的只有提供足够大的储藏空间，希望孩子们会好好利用。从风水观点来看，不要把杂物堆放在床下很重要，因为这样做会阻碍气的自由流动。

事实上，真正意义上的杂物是几星期都不动地方的东西，随手扔在地上的玩具不会危害到房间的长久风水。

可能的话，还应把床头指向对孩子最有利的四个方向中的一个，就如同大人的房间一样。如果孩子睡眠不好，或精神过于亢奋，就可选择这四个最有利的方向。

学习的考虑因素：

如果孩子卧室还兼做书房的话，就把书桌放在卧室东北角或椅子朝向东北方，因为这个方位主教育。如果书桌对窗，放些水晶在东北角，对折射东北方向的光线有好处，因为东北位的五行属土。体育比赛的奖品、雕像、运动队的照片最好不要挂在这个方位，因其可能分散孩子的注意力。

尽管孩子的房间里摆台电脑很常见，但电脑阳气太盛，夜间最好关掉电源并盖上罩子。

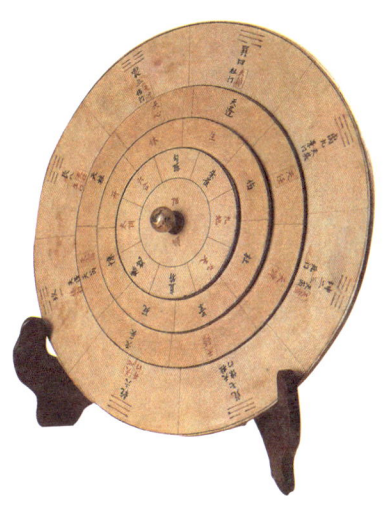

6.厨房和浴室

浴室、厕所和厨房，这些都是气可能泄出的地方。厨房尤其需要多加留意，因其是全家营养的来源，还因为里面有火与木。在复式住宅里，需要考虑像客厅这样的主房间上方或下面的湿房间的影响。气在连着的过道和楼梯之间的流动，必要时可以用风水补救措施使之变缓。

> **小贴士**
> 有人建议把鹅卵石放在下水道的孔内，这个建议虽出于好意，没有危害，但毫无用处。
> Tips

(1)湿房间

这些房间都与物质上的水有关，因此对五行里的水有着很大的影响。大量的水，特别是流走时，气也会随之流走。因此，如有可能的话，尽量把这些房间放在不太好的方位，从而可以泄去浊气。

风水上说马桶盖应常盖上，原因就在于此。从卫生角度来说也是个不错的主意，但不幸的是，这样也不能阻止水（当然还有气）的流失，也阻止不了煞气（臭味）从厕所里逃逸出来。

①排水方向

从居室流走的水会把吉气也一并带走。在农村，如果一条河经过一所住宅，屋主可以看到水不停地从家中的方向往外流的话，则象征这所住宅和屋主难以兴旺，因为流水把吉气带走了。

第三章　室内风水

　　如果住在城里，则不应当看到污水从屋子里流出去，大多数的现代化住宅和办公室不存在这个问题，但许多老房子都可见下水道，而且下水管道是不规则地贴着外墙上，然后才进入下水道，这样毫无疑问在风水上是不吉的。而实际上，无法改变下水口的位置是这种房子的缺陷。

　　总的来说，最好的方法就是把下水口遮住。许多住宅都有自己的花园或院落，为应付雨季，下水道通常很大，这样比较容易改造浴室和厨房的下水道，使之从正确的地方排出。当然，有些人住在单元房里，无法对下水口进行改动，因此，就只能集中精力在能改动风水的地方进行改动。

★水流出屋子时会把好的气一并带走，因此浴室的门最好常关。

实用风水

②抑制浊气

一般人都知道不应当搅动湿房间。但如果厕所或浴室正好位于主感情的方位上该怎么办呢？假使无法挪动厕所（大部分人都不能），建议最好不要去动它，也不要一时兴起在浴室里挂风铃或点蜡烛。

在浴室里挂风铃或点蜡烛是不好的，尽管有时可以用实心的金属棒风铃来压制湿房间里的水。

如果浴室(特别是厕所)位于感情方位，在那里点两支红蜡烛也许会加强这一方位。如果储物间的方位不好，就不要去管它，把门关上。

关于浴室，有人建议：让它"消失"或者在浴室门上挂与门同样大小的镜子，这样就看不到浴室门了。殊不知这会让一些来访的客人摸不着门，因此不宜选此法。

(2)厨房

厨房是准备全家人食物的地方。众所周知，食物象征着营养，再进一步，象征着健康与财富。在厨房里做饭要注意卫生，同样也应该关注这里的风水。

厨房风水有以下几条基本规则：

◆设切菜台的时候，注意不要让人切菜时正好背对着门。台子要保持整洁，不要堆放杂物。

◆厨房门口应有所遮掩，不能从住宅大门口一眼就能看到里面。

◆厨房装饰尽量用绿色（木），因为木与水、火相容，这两者是厨房里不少了的。

◆不要在对着做饭的人的墙上挂镜子，因为这样使火反射，大为不利。

◆把操作台放在厨房正中央不利风水，因为中央属太极位，应保持空阔。

◆厨房的正上方不应是浴室，且最好也不是任何一个湿房间，如浴室、厨房、厕所。

◆厨房最好不要放在西北角，因为这是乾位，会形成"火在天门"的格局，是非常不好的风水。

第三章　室内风水

★厨房是家人健康和财富的根本，应该一直保持整洁和通风良好。选择明亮的颜色来制造一种宽敞的视觉效果。

实用风水

①下水道

厨房是个湿房间,如果正好位于自己最不好的几个方位上的话,泄去浊气反而对自己有好处。如果厨房位于对自己来说并不重要的生活某方面的方位上,则并无不妥。

②炉口方向

灶口的方向也是风水中重要的因素。灶与灶神相关。灶神是道教里厨神或主管灶的神。它的神位经常被供在灶旁的一个小神龛里。因为与火的关系,灶神常与炼金炉相联系在一起。

★在古代,食物常不够吃,人们相信讨好灶神能够保证衣食无忧。据说灶神每年上天一次向玉皇大帝汇报一家人一年的所作所为,所以喻示厨房是偷听家人闲话的地方。

第三章　室内风水

灶神升天时常带着人们用来贿赂他的甜肉（来确保他说全家人的好事，至少不说坏话）。当灶神向玉皇汇报完毕从天上重回人家时，人们用特别的仪式进行欢迎。

理想的灶口方位要与一家之主的卦位相符。至少做到不要把灶口对着自己四个最坏的方向之一。灶口还要设法避免正对着厨房的门。

灶象征着五行的火，水池和电冰箱则象征水，这就意味着设计厨房时要小心，不要让两者相冲。例如，水池和炊具不要直接正对，同样也不要挨着放，尽管它们是按正确的角度放置。

就电炉而言，如何确定灶口的方向常会有不同看法。一些专家声称电炉的方向应是插座的方向，一些专家则认为取出食物的面对的方向才是灶口方向。

★水池和炉具不能相冲，因为它们代表着相克的水和土。

实用风水

(3) 浴室

水是风水中重要的因素。在住宅外面设置一些水流装置，特别是池塘和喷泉，对风水来说非常重要。

事实上，早期的风水先生影响到水利工程师对整条河流水道的改造，经常把河流改造成一些奇特的形状，以聚集生气。这样做的理由是因为水可携带气。其实，水不仅能把气带到一个地方或者把它存在某地，水还会把气带走。

在看风水时要留意最末端的水流，从家中不应看到河流从眼前消失。

★如果浴室里安有镜子，要确保镜子不会反射到厕所里的景物。

第三章 室内风水

这些规则同样适用于别的湿房间。因此，得注意不要让排水口敞开或看得见。这条规则再延伸一步就是浴室的门应当常关。

在湿房间之中，浴室（特别是厕所）被认为是最不吉的，因为厕所里的臭味象征着煞气。要解决这一问题，总的原则是浴室应该位于危害最小的方位上。事实上，如果厕所位于自己想压制而非想增强的方位上则会带来好处。还应该设法使浴室"消失"，如通过盖上马桶盖、关上浴室门或把浴室设计得不引人注意等办法使之"消失"。

注意事项

与浴室有关的注意事项如下：

◆不应一进正门就能看到厕所，这在风水上很不吉利。

◆如有可能的话，厕所不要放在任何住宅或办公室的西北或东南的方位。例如，厕所位于东南，象征破财。

◆楼上是厕所的话，楼下除了用作厕所或不常用的储物间外，不能作任何别的房间。

◆如果浴室与卧室相连，必须小心地在两者之间画出清晰的界限，否则，卧室里的能量可能会严重流失，从而影响到人的健康。

★马桶不应正对着门，这样会使煞气散布到整个屋子。

实用风水

7.过道、楼梯、储物间和车库

如果说前门是住宅的口的话,那么客厅和楼梯就是使气在室内流动的肺和气管。楼梯实质上是斜放的过道,但由于坡度的存在,气的流动加快,所以要特别注意楼梯顶部和底端。查看一下它们指向何方,采取措施防止像卧室这样敏感的房间正对着楼梯。

(1)过道

大厅直通后门是很坏的风水,因为气进门后不经聚集就直接从后门流出。这时可通过一些装饰来补救。如放置植物或桌子来阻止气直接流失。另一种办法是在大厅的天花板上挂一个风铃,以减慢气的流速。

其他注意事项有:

◆前门不宜正对楼梯,特别是下楼的楼梯,不管是对着下楼还是上楼的楼梯都是不好的。此种情况必须用隔断或屏风把楼梯挡住。

◆过道宜明亮,不应阴暗,因为它引导气在屋子里流动。

◆隔着过道相对的两扇门应该大小一致,不应一大一小。必要时可用一条镜子来弥补,使两扇门看起来大小差不多。

◆光线不足或低矮的楼梯会压制和限制气在楼层之间的流动,用一盏明亮的灯可促进气流通畅。

(2)楼梯

过道把气从一个房间带到另一个房间,楼梯使气在不同楼层之间流动。在很多西方住宅里,进门经过一小段门厅,紧接着就是楼梯,这使得气从正门进来后直接冲上楼梯。其实,气宜缓慢地流动,而不应直来直往。

在门和楼梯之间挂一个风铃,可减慢气流的速度,在一定程度上进行补救。理想的结构是把楼梯避开正门,一些商业大厦就采用了这种结构。

产生气的方法

楼梯往往聚集不到足够的气输送到楼上的房间,这时在楼梯上放盏明亮的灯会很有用处。应尽量避免使用螺旋状楼梯,因为它会产生一种破坏性的螺旋状气流。

★从大门口直接通向二楼的楼梯使得进来的气沿楼梯快速冲进家里。解决此问题的办法之一是在门与楼梯之间挂一个风铃,以减慢气流速度。

(3)储物间和车库

储物间和客房使用机会不多,因为里面的气不会对人造成大的影响。与房子连在一起的车库,则会影响到风水。

人在车库里呆的时间不长,但车库形成了气的空洞,因此,车库正上方的卧室会有一种不安全感。传统上认为空洞上的卧室风水不好,因此如果在车库上建房,要想好怎样利用新房子的空间。车库正上方的房间当主卧室肯定不太好。

★本图中楼下车库的正上方没有卧室。因为车库形成气的空洞,睡在上方的人早上醒来会感到浑身乏力。

二、商业风水和颜色、镜子

　　工作场所的风水非常重要,因为每个工作日里人在里面呆的时间也许会超过八个小时。如果自己是老板,好风水至关重要,生意才会兴隆。应当查看一下自己办公室里的风水,如果没有单独的办公室的话,就应考虑如何改善办公桌附近地域的风水。颜色在风水上具有重要意义,看办公室和家里的风水都应当把颜色考虑进去。

实用风水

1. 办公室总体布局

现在来看一下办公室的风水。如有可能,办公室前门外应有一片空地,即明堂,让气在这里聚集。例如,门前宽阔的人行道,或马路对面的公园都可当作办公室很好的明堂。办公室门前要尽量保持整洁,当然绝不能让邻居的垃圾堆放在门前,即使是自己办公室的垃圾也不要长时间堆放在门前。

正门尽量不要正对着电线杆、树或别的看得见的大障硬物,这点至关重要。确保正门的大门宽阔、亲切和明亮,还可安装向上照射的灯。在门旁或门内放置流动水装置会招徕吉气,如喷泉柱就是一种很好的装置。

★办公大楼的主要入口用来把吉气引入大楼。入口应宽敞明亮,还要有个明亮的大堂,使气在进门前得以聚集。

第三章　室内风水

(1)室内格局

办公室内部的摆设要确保人（气也一样）可以在里面自由走动而不撞上乱放的家具。尽量去掉或遮住办公室里凸出的尖角会大有好处。凹进去的角则无需担心。

> **小贴士 Tips**
>
> 办公室里不应当留有困住气的口袋状的结构或死角。检查一下办公室的总体布局，确保没有长长的笔直的过道或一长排的家具。20世纪50年代那种在开放式的办公室里把办公桌一字排开的布局应当加以避免。

实用风水

(2)把八卦应用于办公室

八卦风水特别适用于办公室的环境，办公室里的一些地方将会从中受益。这些地方主要体现是东南、西北和南方位。所有的方位都应用尺子和罗盘从办公室的正中央算起。

办公室的东南主兴旺，安放流动的水流装置，比如喷泉、带充氧装置的养鱼缸养金鱼等，可使公司生意更加兴隆。南方主名气，尤其对依赖公众认可的公司，在这一方位放置红色家具或其他代表火的东西，如明亮的灯光等，可增加公司的声望；可以想象在办公室的环境里不适宜点蜡烛。西北主网络，在这一方位补金，可扩展公司的网络，为达此目的可放置金属文件柜或电器设备，或者放水晶来补土以强金。

★电器，比如复印机，象征着五行的金，可放在办公室的西北方向来增加网络。

2.个人办公室

　　如果自己是老板,改善办公室的风水就更加重要了,因为公司的生意是自己所做决策的延伸。对于个人办公室而言,最重要的是要考虑不宜让"暗箭"射到自己的办公桌,并且尽量不要把办公桌摆在长过道的末端,也不要对着墙、柱子或其他办公桌的角。如果不能搬动办公桌,那就通过放置植物或屏风作为缓冲,以尽量去遮住"暗箭"。

★如果坐在长过道的末端,办公桌就会成为暗箭的靶子,工作质量也会受到影响。另外,应当清楚地看到自己办公室的门口。

实用风水

(1) 为自己寻求支撑

不要背对着门、窗、过道或其他的空地落座。尽量保持椅子后面有坚实的墙一样的东西作依靠。有人建议在椅子后挂坚实的图画,比如山画。但即便如此,也比不上坚实的墙。要保证当有人走进屋子时,自己能清楚地看到。

尽量把办公桌朝着自己的最佳方位摆放。如果自己是个职员而非老板,通常不太可能把桌子放在最理想的方位。想朝向最佳方位或生气的方位,经常办不到,因为无法把桌子斜着或摆放在与其他同事秩序不一的位置。因此,当计算出自己最好的四个方位后,就不得不利用属于自己的第二、第三,甚至第四个最有利的方位。如果以上与形学风水关于暗箭和支持方位的考虑有所冲突的话,后者通常要优先考虑。

★桌子摆放的理想方位应是使坐着的人背朝着墙,这样才会使桌子固定住并最大限度地吸取室内的吉气。同时,墙保护着坐着的人,人们把它比喻成"背后的守望者"。

第三章 室内风水

实用风水

(2)清理杂物

杂物清理不属于传统风水的一部分，但清除干净自己桌子上的杂物很有好处。

扔掉那些堆放的以备不时之需的纸堆，或至少放在文件柜内眼睛看不到的地方。古谚云："眼不见，心不烦"。意思是杂物清理之后，就没有泄走能量的潜在危险。眼不见意味着不再去想它，更重要的是不会再影响到风水。

> **小贴士 Tips**
>
> 如果自己是老板，那么自己的办公室在整个公司的位置非常重要。大原则是：尽量远离主要入口，同时又能看到尽可能多的主要职员（如果是开放或半开放的办公室）；背后要有坚实的墙作依靠，能看到自己办公室的门口。

★清除干净办公桌上的杂物，并在桌子的南侧或桌子最远的一端放盏台灯，以帮助自己提高威望和在单位的知名度。

第三章 室内风水

如果自己在办公室里作不了主,就要把注意力集中在办公桌的小风水环境上。除去杂物,或至少把它整理清楚放在文件筐里。作为好的工作习惯,自己应当通过改进整理的方法和清除不必要的文件来减少桌上的杂物。

桌上有经常更换或周转的成堆的文件并无不妥。堆放在办公桌上几个星期都没有去碰的文件堆是不好的。利用规范的程序,应把不同项目的文件放入标志明显的文件夹内。

(3) 方位

经理或老板的办公室在整个公司的位置应该加以考虑。运用八卦,就会找出正确的位置。如果是个以知识为主的公司,应放在知识(东南)位;如果公司特别依赖与其他公司的联系的话,应放在网络(西北)位。最好的方位应当是西南财富位,但通常这个位置更适合创造财富或与钱打交道的职员,比如出纳。

(4) 公司标志

从风水的观点来看,公司标志应予以仔细考虑。它应当好记,明亮的颜色占主要,因为在与其他公司做生意时,标志应是公司强盛的象征。

避免将阴的水彩色用在公司的标志上。标志本身不应过分讲究细节,如果可能的话,视觉上应有向上移动的效果。

> **小贴士 Tips**
> 一条好的原则是把一种强的明亮色与金属色(代表钱财)混合,这样明亮色会加强金属色的能量。银与紫的组合是最受欢迎的金属色与明亮色的混合。

3.吉祥的颜色配置

颜色对心理和风水都很重要，有时仅通过适当地改变装饰来加强或减弱五行里的一行就会改善风水。同时，还可以通过改变颜色、形状、材料或运用五行之物来进行改善。当然，后者最为有效。运用任何的内部装饰均可以解决风水问题，或加强某一方面。

要运用颜色来加强五行中的一行，增加本色或母行颜色即可，具体参照下表：

五行	相关颜色	母行颜色
火	红	绿
土	黄	红
木	绿	黑、深蓝
金	银或金色	黄
水	黑、深蓝	银或金色

(1)颜色与五行

传统上五行所对应的颜色比较单调，根据这些基本颜色可以有很多的颜色组合。例如，可以用一种鲑鱼色（红、黄混合再加上点白色构成）来补土，因为黄为土，红为火，火生土。

火位于南方，红色和橙色都可以用。有时，紫色被归于离，即火。实际上，紫色放在中央的位置更合适，黄色和紫色均属土。银色（金）和紫色（土生金）的组合非常利于生财。

★在这个办公室的休息室内，银色与紫色的组合再点缀上代表水的黑色，非常有利于生财。

第三章　室内风水

土位于中央、西南和东北,在这些方位上,从赭色到浅黄色都合适。对火来说,不宜混入太多的白色,加上一点红色会带来更有趣的效果。在这个位置上决不要使用黑、深蓝两种颜色。

木位于东和东南方,从绿色到天蓝色均可用于这些方位。代表水的黑色和深蓝可生木。

金(西和西北)是个有趣的行。金的颜色包括金色、银色和白色。紫色和银色是这一方位的完美的颜色组合。黄色代表土,土生金,也可放在这里。

水(北)传统上是用黑来代表,但后来又加上了深蓝色。加上一点母行,金色也会有很好的效果。水是钱财的象征,所以,黑色加上多色或银色的组合经常用来生财。切记在这里不要用火红色,因为水火相克。

(2)细节颜色搭配

如果一味地只根据五行使用主要颜色来装饰室内通常不能尽如人意,这时便可采用米色这样的混合色来代替黄色(土),用鲑鱼色和桃色取代红色(火)。

注意不要使用与想要补强的行相克的颜色。例如,火的方位与蓝色(水)不配,木的方位用显眼的金色也不合适。

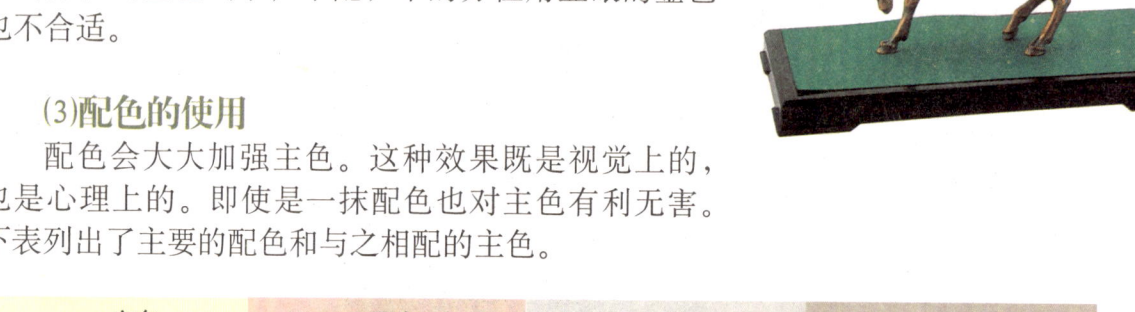

(3)配色的使用

配色会大大加强主色。这种效果既是视觉上的,也是心理上的。即使是一抹配色也对主色有利无害。下表列出了主要的配色和与之相配的主色。

主色	配色	主色	配色
红	绿	白	黑
蓝	橙	紫	黄
黄	紫	橙	蓝
黑	白	绿	红

第三章　室内风水

(4) 避免使用太多阴色

使用太多的阴色调（如棕色和黑色）会使人意志消沉，这无论从心理学上还是风水上来看都不好。灰褐、橄榄等颜色组合也会产生一种压抑的气氛。

另一个需小心使用的颜色是蓝色。许多人喜欢在卧室里使用蓝色，不管是出于蓝色能使人安静的效果或其他从心理学上的考虑，代表水的蓝色会泄去卧室里或会议室的气，不宜使用。

同理，建议不要在卧室里放鱼缸。蓝色通常冰冷而不亲切。如果非用蓝色，最好用明快的蓝色，而非沉重、阴气较重的普鲁士蓝。

★棕色的窗帘颜色暗沉，使人感到非常压抑并会产生一种泄气的气氛，因此，应该避免使用。

实用风水

第三章　室内风水

4.镜子

和颜色一样，镜子也会对风水和室内装饰产生惊人的效果。关于将镜子用于风水，有两种不同的风水学派，两种说法都正确。有的人说镜子对风水毫无影响。风水是否可以改变气的流动可以商榷，但要知道格局是风水中另一个重要的因素，既然镜子可以实际改变或从视觉上改变格局，那么它对风水当然有影响。另外，镜子表面通常是湿的，这也与风水有关。

本章小结：根据八卦方位，住宅可分为八类。每一类住宅内，各房间都有好的或不好的方位。

客厅是整个住宅风水的缩影，如果别的房间里不宜进行风水补救措施的话，就可以在客厅的相应地方进行。餐厅、卧室、浴室、厨房、过道和楼梯等的布局也需仔细考虑。

就商业而论，确保不同的功能区放在办公室的适当方位。自己可以在家里和办公室里应用八卦风水。镜子对风水的陈设有影响，或许对气也有影响。

123

实用风水

第四章　室外风水

一、四兽
二、地形风水
三、水龙风水
四、花园风水

前面介绍了风水对住宅和办公室的影响，现在一起来看看风水在室外的运用。在这里，将着重介绍形学派风水，看看古典的形学派风水的内容以及它对人们生活的影响。

室内风水知识同样适用于室外风水。那么如何有效地布置花园的风水？事实上，有些人也把花园称为"外室"，把它看成是家里最重要的房间。在这里，大家将会了解到很多关于外部环境是如何影响个人风水的建议。

一、四兽

形学派风水研究的是建筑与周围地形的关系。建筑方位理想与否，可通过门前四个方向的地形来确定。最好的地势应该是像一把扶椅，高高的背，两侧有山脉保护，前方是一片开阔的区域，再往前是一个小山丘。这四个方位的地形名称分别是青龙、朱雀、白虎、玄武。这里将会逐个讲解并告诉大家如何辨认，以便找出一块绝佳的建宅之地。

> **小贴士 Tips**
>
> 对理想的南向住宅，四兽的方位正好和其本身对应的方位重合。对别的朝向的房子，地形与房子有着同样的关系：玄武在后，朱雀在前，左边是青龙，右边是白虎（站在门口往前看）。

1. 四方

四正向是前面曾讲过的北、南、东、西这四个重要的方向。传统上每个方向与所谓的四神兽中的一个相对应。四兽还代表天的四个部分，每个部分包括天文学上的二十八星宿里的七个星宿。四方与四季、八卦里的四卦、颜色和五行相对应。

四兽与方向、颜色和五行的对应关系如下：

四兽	方向	颜色	五行
龙	东	绿	木
虎	西	白	金
龟	北	黑	水
雀	南	红	火

除了有天文上的含义外，四兽还是特定的地形标记。如：玄武指的是一幢建筑后面的山岭（不管建筑的背朝北还是别的方向），青龙则是左边（站在门前往前看）矮一些的山丘等。

(1) 东方青龙（阳）

四兽从东方的龙开始。龙，也许是中国文化和风水里最重要的动物。东方的五行属木，颜色为绿色，它是春天植物生长的颜色。因此，东方为青龙所踞。

在地形上，青龙是一座较矮的山丘，在城市里则是邻近建筑的墙，但同右方阴性的白虎相对比，必须是阳的。换言之，不管右边是什么地形，左边必须高出右边。

第四章　室外风水

★本图云彩围绕的青龙代表一个地点左侧的山脉。

(2)西方白虎（阴）

白虎不是常见的虎，而是一种非常罕见的动物。一般的虎，强壮、凶猛，是阳性的动物，而白虎却是一种阴性的动物。

从地形上看，白虎应是位于西方的矮山脉，在城市里则是右侧建筑物的墙。

★本图中的民居位于岩石脚下，居民受到西侧的岩石的保护。这种地形是完美的白虎地形。

(3)北方玄武

风水宝地最重要的一点是背后有座高山，玄武即象征着高山。

★本图中的这座山就是玄武的一个很好例子。从风水上看，在这样的高山前面的任何建筑都会得到高山的很好庇护。

实用风水

乌龟的别名是玄武，象征着保护。玄武所做的就是保护地点不受寒冷的北风的侵袭。

传统上，乌龟壳有24小块，与罗盘上最重要的二十四分相对应，还对应着二十四节气。此外，洛书这个重要的风水数字，据传最早是在乌龟壳上发现的。这样，寓意深刻的龟壳就把时间和罗盘、季节、洛书联系在一起。

古人认为乌龟都是雌性的（阴气非常重的动物），必须和蛇交配才能产卵。因此，北方的神兽常是"一蛇抱一龟"。乌龟在中国文化里被用来骂人，在有些情况下是讳语。正因如此，四兽中的北方被玄武所替代。

(4)南方朱雀

理想的风水宝地前面应有水。如果无水的话，就应有一片空地，空地再往前是一个小高地，叫做朱雀。

★背驼墓碑的乌龟石像很常见，它象征着长寿和不朽。

★朱雀可代表一块地方前面的一片小高地、一个土堆、一条路或一堵墙等。

第四章 室外风水

从地形上来说，前方的鼓包像宅地的唇一样，防止气从宅地前面的平地流走。如果把它放在城市环境中，就可以用建筑代替山，用路代替河流，因为路也是气的通道。在城市环境中，朱雀也许是前方邻居家花园的墙。

最后，门口要有一块空地，即明堂来聚集气。如果有墙或别的障碍物隔断了这块地方，传统做法是在墙上开个洞，或者在墙上的某段用空心砖铺设。如果花园围墙挡住了明堂，就可以考虑这样做。

★在这个寺庙中，一堵建在明堂正中的墙上面开了个月形的门，从而去掉了阻碍气在这里聚集的障碍。

实用风水

★在理想的农村地形上，一所房屋的后面应当有座高山，左右是较矮的山丘，前面有块明堂，明堂再往前有块隆起的地方。

北

玄武山

青龙山（阳）

白虎山（阴）

西　　东

明堂

河流

南

朱雀山

第四章 室外风水

★在城市地形中，高山、矮丘、平地分别被高大建筑、矮民居和灌木丛所替代。气沿着道路而不是河流从房前经过。

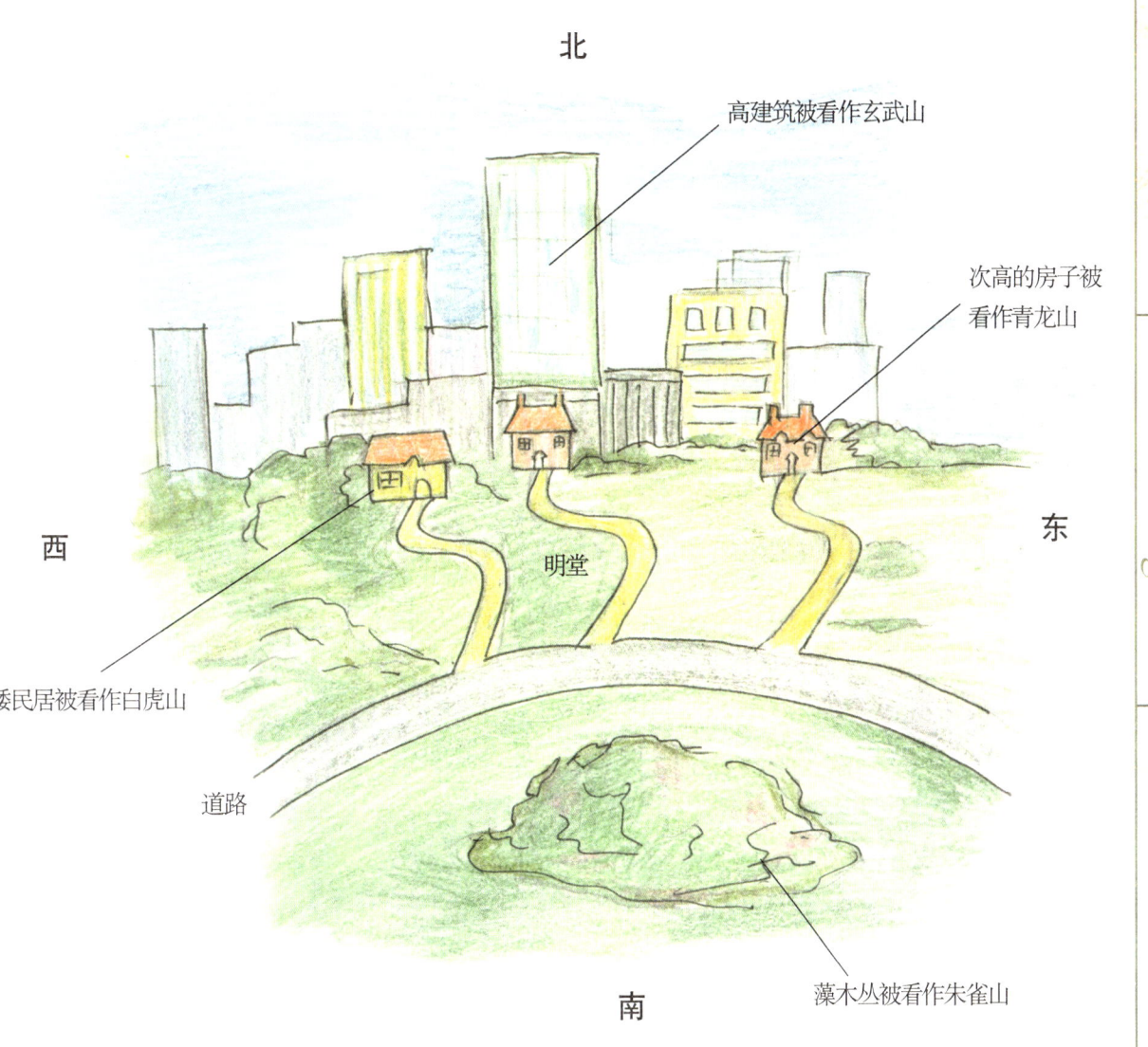

2. 如何运用四兽

不管一个房子的朝向如何，玄武总是在后，朱雀总是在前。

风水宝地周围的这些地形特点可以看作是一把扶椅。背靠高山，左右两个扶手，的确很像一把扶椅，而前方的朱雀地形就像一个脚凳。

这种扶椅地形的要点在于最有效地聚集气。气的类型取决于房子的朝向，这得用罗盘测出来。接着要看房子是否适合自己，需要用东西向术来作出判断。

(1) 用于实践

四兽会不会无处不在？不会，四神总是依所勘察的房子或地点来确定。

这是不是说一个人的玄武有可能是另一个人的白虎呢？或者一些背后是平地的房子根本就没有玄武呢？事实正是如此，有的房子缺少某兽。

要找青龙和白虎，就得站在房子前，由里向外看。青龙在左，白虎在右，朱雀在前，玄武在后。

不妨一起来试试。下页图中的(1)和(2)两所房子是在同一个地形里，但四兽却不同。实际上，这些房子都是朝东的。

对于这两所房子来说，四神的方位相同，大家可以看到B山是房子(1)的青龙，但却是房子(2)的玄武。很明显，四兽并不总是齐全的，如图中房子(2)就没有朱雀。

第四章　室外风水

★两个相邻的房子会共用四兽，但代表各自四兽的东西可能会不一致。试找出房子(1)和(2)的四兽（请不要先看答案）。

房子（1）

玄武：C山
白虎：邻居房子A
青龙：B山
朱雀：路口F附近的灌木丛

房子（2）

B山
E墙
D树
缺失

如果房子后面没有玄武地形，那么就是说它后面缺少依靠。

知道四兽代表的颜色有助于选择正确的颜色。例如，当不知道该把房子左边（从房子里往外看的方向）的花园围墙漆成什么颜色时，可在自己确定左侧是青龙位置的时候，就毫不犹豫地选择绿色。

实用风水

(2)门前的明堂

房前的地方极为重要,这块地方应当开阔,没有垃圾,气才能在这里聚集,然后进入房屋。明堂,原意是前门的流水装置,现在用来指门前的整块平地。

如果房前不那么开阔,最起码要使前花园保持整洁,确保正对着门的地方没有障碍物。比如:应避开有树挡着门等。

理想的情况是,阳性的青龙一侧应当比阴性的白虎一侧更强、更大、更明亮。这是根据住宅的阴阳比例规则即阳占3/5、阴占2/5来确定的。周围的地形同样也适用此规则。

四兽不平衡的典型例子是阴的白虎侧比阳的青龙侧更强。

第四章 室外风水

(3)道路

城市的道路携带气,正如自然界的河流携带着气一样。水代表的颜色是黑色,因此,典型的黑色柏油路面自然就会令人联想到水。道路象征着水,车辆的运动实际上也在使气移动。很明显,与路相比,河流所带的是缓缓流动的更有益处的气,因为河流更倾向于曲折流动,生聚益气;而道路,特别是长长的笔直的路,则经常产生煞气。这种煞气速度太快,于人无益。

风水的主要规则中有一条与房前任何水流的方向有关。对道路来说,最重要的方向是离房子最近的车道上的车辆方向。

★房子坐落在高速公路附近,于风水上来说最不吉利,因为飞驰的车辆和长长的笔直的道路会产生煞气。

(4)选出最好的住宅

选择新房子时,应尽量注意以下规则,以便找到对自己最为有利的房子。

◆房子背后有高山或高大建筑（玄武）。

◆左边有比右边稍大一点的山丘、树木或建筑（从房前往外看）环绕。

◆右边有山丘、树木或建筑环绕。

◆房前有块空地,即明堂（有时是人行道）。

◆房前有气的活源头,不管是道路还是河流,都是沿着正确的方向流动（最好是弯曲流动,不要太快）。

◆道路或河流再往前有块隆起的地方（朱雀）。

二、地形风水

房屋周围的风水对人的影响比在家里或办公室内所能做的任何风水改动的影响都要大，而周围的环境决定了到达这一地点的气的类型和质量。因此，理解形学风水十分重要，它能使人可以勘察和改变来自周围环境的风水的影响。接下来，再看看山和高大建筑对人们周围环境有什么影响；在城市里面，道路又是如何替代河流的。

★盆栽。

1.运用地形的力量

在中国古代，富裕之家常让人改变住宅周围的地形来改善风水。山的尖顶会被铲平，河流被改成吉祥的形状，采石场或道路被填平并种上草。

位于北京西北方向的颐和园是成功运用风水的例子，但这里的风水仅对皇帝和近臣们有利。在当代，有些人宁愿花钱用于改造花园的风水，也不愿花钱来改造居室外的风水。对于有自己花园的人来说，就可以改造室外的风水，以此从中获益。

有的村庄和住宅周围环绕着经过人们根据风水改造的围壕或水道。而事实上，在更小的范围内（如自家的花园）就可以对应大地形的特征，如奇怪的石头可以用来代替山，水池和小溪代替湖泊和河流，灌木和盆栽代替树丛等。风水规则可以运用于任何规模上，因此，可用它来改造花园以改善自家的外部风水。

实用风水

(1)各式的龙

有人说，龙在气与水交界的地方，具体是在云》中、河中或海里，而《易经》上说"云从龙生"。高山也是龙喜爱的藏身之地。另外，龙还呆在河中的深沟处，特别是将气吸入水中的漩涡中心。

所有的龙都和水有关系，现在来看看不同种类的龙。

天龙。天龙是最重要的龙。皇帝自命为龙和天子。

神龙。神龙穿梭于云中，负责降雨。

地龙。地龙生活在地球表面的水域内，是泉头和河道等水域的统治者。

伏藏龙。它关乎龙脉和地穴深处的水（财富）。

龙王。龙中之王，生活在海洋中，统治四海。

第四章 室外风水

(2)建筑和山的形状与五行

五行不仅对应着方向、八卦和颜色,还和自然的地形有关。郭璞(公元276~公元324年)和杨筠松(公元840~公元888年)是最早将山形归纳整理的人。下面将介绍一下典型的山的形状。

具有五行形状的山或建筑是风水上需要考虑的重要因素,在勘察风水时必须考虑它们出现的地方。例如,正门对着圆锥形的山会给屋子带来很强的火,而木山和火山相邻,发生火灾的可能性就会大大增加。

如果会识别建筑的五行属性,就应该知道在附近不应该建什么形状的建筑。例如,想在一栋木形的摩天大楼附近建楼,那么低矮平顶的土形大楼便不适合。

是什么原因呢?这是因为在五行相克循环里,木克土。所以,建一幢尖顶的火形建筑反而能解决附近的木形建筑对此的影响问题。事实上,木可生火,邻近的木形建筑反而会有利于自己的新楼。五行生克循环为决定建筑的基本形状提供了有益的指导。

★带着尖顶的金字塔大楼是典型的木性建筑。

山的五行形状

火形的山常是尖顶或圆锥形的,火山就是个极端的例子。

木形的山通常是高大、垂直或圆柱形的,顶部平坦,侧面陡峭。在城市里,大部分当代的摩天大楼都是这种形状。

与木形山相比,土形山要低和宽一些,有的甚至是台地形状的,有时平顶山就属于这种。在城市里,像仓库这样低矮、平顶的建筑就是土形的。

带圆顶的金形山比较少见。

水形山是有生命的、带钩的、活动的或起伏的,很难一眼辨认出来。一群低矮、不规则的小山丘通常可以看作是水形山,人造建筑很少有这种形状。

2.山和龙

龙通常和风与水有,但山和它们的能量也与龙有关系。

⑴龙脉

脉指的是气在身体内流动的管道,脉连接着身体的穴位。事实上,脉也用来指血管。传统观点认为,气在体内流动的管道如同血管一样存在。

在风水里,脉指的是气在土里运行的管道,龙脉就用来指地气运行的管道。在勘察建筑新址时最重要的目的之一就是找出龙脉,即气的运行管道。为什么呢?因为脉相聚之处,或者说气聚集的地方,就是建筑新房子的风水宝地。

实用风水

(2) 气的循环

正像潮水有退有涨一样，在龙脉里运行的气的质量也在不断变化。事实上，气也有涨潮和退潮的时候，不仅在一天之中，而且随季节而变。气也逐年变化，180年一个大循环，每20年发生一次质的变化。这种气的大循环是由十天干和十二地支相配的60年一循环来决定的。

(3) 找出龙穴

龙穴是青龙与白虎相遇的地方，阴气、阳气在这里和谐相配。龙穴有时也被称为"龙虎交蔺之地"，所以，此处是最富生育力的地方。这样的地点适于建房，但问题是，现在的城市实行严格的规划，要找到称心的地点建房不容易。

> **小贴士 Tips**
> 在任何地形中，阴阳平衡的气聚集最强的地方叫龙穴，是最适合建房的风水宝地。

第四章 室外风水

3.如何看城市里的地形

在城市里,道路和河流携带着气,地形构造变得越来越重要。长长的、笔直的道路携带着快速流动的煞气,而弯曲的道路则携带着温和的气。另外,还要注意预防某些毒箭。

(1)建筑的形状

应当把建筑当成山来看。高大的建筑实际上是人造的山,并且建筑材料也和山一样,如石头、砖(土做的)、钢(从铁矿石里提炼)和石灰(石灰岩烧制)等。因此,两者对周围风水的影响效果相同。建筑物常是椭圆形的,所以大部分的城市建筑都是木形的山。这也是为什么城市里少数五行形状与众不同的建筑如此醒目的原因。

★这是个典型的金形建筑。

第四章　室外风水

Shiyong Fengshui

实用风水

(2)建筑地点的风水

形学风水另一个重要的方面是看建筑所在的地盘的风水。基本上最理想的形状是方形或长方形，L状的地形被看作是少了个角，会影响到整块地形的风水。从入口进入，越往里走越窄的地形被看作会限制人的运气。同样，后面比前面宽的地形则被认为是入口受限，从风水的观点看来也不理想。

(3)扶椅后背

在考虑过地形后，再来看一下背景非常重要。应该运用形学风水的扶椅状地形环境，尽可能使房子背后有高大建筑作依靠，左右有较低的建筑护卫，前面有空地。

在城市里，最重要的风水要求是房子背后要有适当的依靠。如果背后是山当然最好，一栋摩天大楼也会起

★这些房屋后面的山脉是绝佳的天然依靠，较低的建筑则以人造的摩天大楼为靠山。

第四章 室外风水

到同样的作用,只要距离不是近得会对房子造成压制感就行,但最为理想的是两者距离不应超过建筑物的高度,如一幢14层楼高的建筑远在数公里外不会有任何影响,而要是与自家的房子中间只隔一条小胡同的话就不好,就像很多风水问题一样,这也是一个很重要的平衡关系。

如果上面说的条件均无,那么一堵墙或一排树也会为房子提供依靠。事实上,只要选择的背靠物看上去有安全感就合适。运用象征物来提供依靠也是一个选择,但需要注意规模和平衡的问题。把一幅山画作为象征物放在办公室座椅的后面没问题,但如果用它来支持整栋建筑则远远不够。这是个规模问题,大的依靠要靠大山来提供。

⑷山和水

形学风水里主要的两个因素是山和河(或水)。事实上,大部分的地形是在山与水交界处形成的,这两个因素在形学风水里反复出现。在八卦中,艮和坎分别代表山和水;在理学风水里,罗盘上不同的圆圈都是用在山和水上。

4.道路与河流

在察看一栋建筑周围的山形之后,下一步就应该看一下水形。这里把它分成三类:坏的、好坏皆有的和好的。

(1)恶形

气快速直冲或经过建筑是不好的。最典型的坏风水是住在位于T形路口的顶端位置的房子里。如果有条路直冲自己房子的方向而来,然后突然左转或右转,那么对自己的房子会不利。

路的弯处应把自己的房子包在里面,而不要像刀锋一样对着自己的房子。如果把房子建在弯道的弯外,尤其是繁忙的弯道外的话,于风水上来说很坏,在高架高速公路的外弯处最为不吉。位于十字交叉的环岛上的地点通常不好,因为气被外面的交通所扰乱。

★本图中,一条公路携带着快速流动的气,经过两边的住宅。

第四章　室外风水

★这些低矮的建筑被对面的高层建筑所遮挡，那里本应是它脚凳的位置。

(2)好坏兼有的风水

城市里的风水往往好坏兼有,这是受复杂环境的影响所致。道路交叉处环形路附近的地点就很好地说明了这个问题。这里拥有过路的汽车所带来的能量,与此同时,也位于正对着弯路的刀刃的位置上,但因为路是环形的,所以比普通的十字路口要好一点。这种情况的改善方法是可以利用环形路附近的气,只要对面没有道路直冲而来,这样的气正可以在环路上流动而不会冲克上面的建筑。

(3)风水宝地

理想的地址是被道路或河流半环抱着。这种地方被称为鲤鱼腩,是吉地,特别是当在屋子里看不到路的尽头的时候,气就会在这里聚集。如果路是双向的,便要把重点放在离自己最近的车道上的车辆方向。

另一个与路有关的好风水的地点是在路的缓弯的弯内,这里的车辆不多但持续不断。

第四章　室外风水

三、水龙风水

这里将主要介绍水,以及水道的形状和与之有关的风水规则。另外,还有传统的水龙风水形势,并如何将它用在自己的花园里等。

1. 水流形状

★人们设计出水龙,让它缓缓地绕着房子流。

有人认为水龙是人为编造出来的,至少是在自然形成的基础之上,经人力改造而成的,特别是那些烛台形状的或者有着许多错综复杂的手指形状的支流的河流。事实上,即使是一条有直角弯的河流在自然里也是非常罕见的,除非水下的岩石成90度裂开冲击而成。

这些形状的水流的名字富有诗意。用充满诗情的名字来描述日常之物是中国人的生活和文字的特点之一,也正是这些形状的水的奇异名字为理解这些复杂的风水工程提供了一些有益的线索。

2.实用水龙图

下面各图是仿古典的风水著作《水龙经》绘制出来的各式水龙。龙尾总是向着山的方向（或水的源头），龙头则向着海（或水道的入口）。

(1)水龙形状

下面的两条龙的性别明显不同，上为阳龙（有5个手指，5为阳数），下是阴龙（有2个指头，2为阴数）。这对区分下面各图中龙的性别很有用。注意各图中两龙之间有个点或一个小圆圈，这个点或小圆圈就叫做穴。前面曾讲过，穴就是阴阳最为平衡、益气最为集中的地方，是建房的理想之地。图中的箭头指示的是水流的方向。

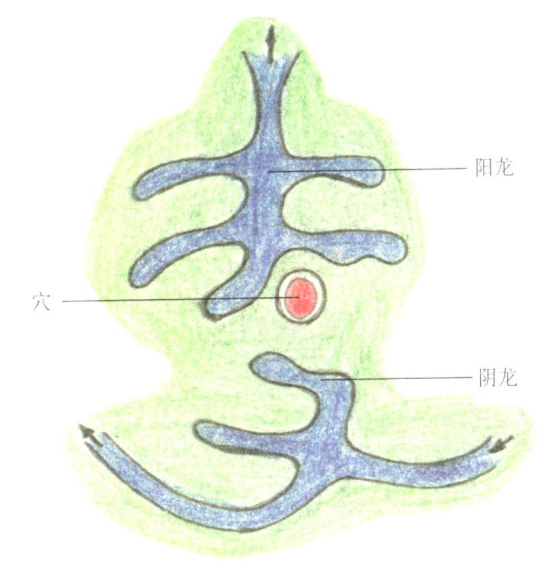

★阴阳龙交媾图。

(2)重叠形

水龙的重叠越多越好,而且最好重叠数是阳数,即1、3、5、7或9,原因是叠水可聚气。

在中国,人们认为鸳鸯对爱情忠贞不二,因此,常把其作为真爱的象征。此图就是为促进婚姻美满而设计的。水在穴前重叠了不下7次。

盘水是个传统的形势,水从两边相盘绕,穴几乎被整个围绕在里面。这是一种生气非常旺盛的形势。

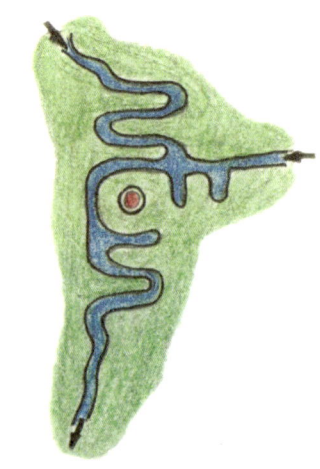

★围绕着皇宫回环的水。

★鸳鸯相偎。

(3)两河交汇形

此形状的关键是尽管两条溪水从后而来,但从穴流走的水道必须是曲折的,并且不露出出口。两条水道的汇合处是龙穴所在,建房时需根据从屋子里向外看的视觉效果仔细确定。

在双河环抱势中,地点被包含在内,小溪蜿蜒流过,因此使气得以聚集。

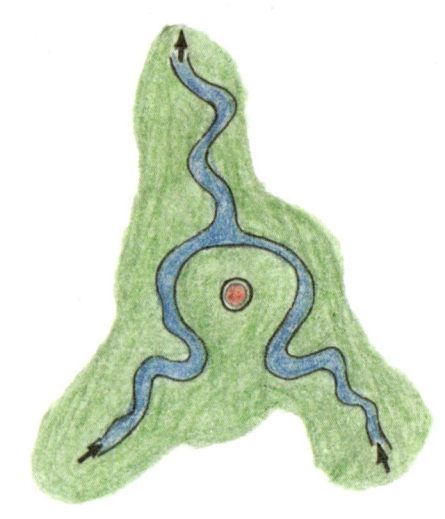

★两河环抱势。

(4)环绕形

环绕形是另外一种使水在同一地点反复流经的形状。一圈又一圈,像护城河里又多了一道护城河一样,使龙的气势加强。

在这里,月指的是中心的小岛,云代指气,因为气有时表现为可见的云和雾。

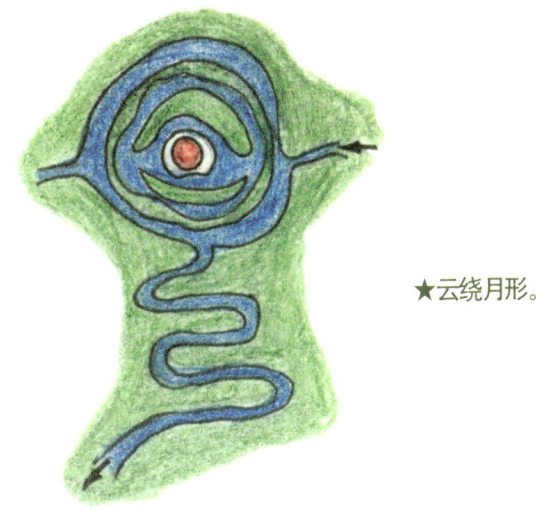

★云绕月形。

(5)漩涡形

盘龙形实际上是一个带着弯曲尾巴的漩涡。漩涡形与环绕形的作用相似。像环绕形一样,水也绕着穴数次,从而使气聚集。

(6)多支流形

支流越多,聚的气越盛。

对简单的多支流汇集的形状,如何确定水的流入和流出方向是个有趣的问题。在本图中,有三个入口和一个出口。如何区分呢?流出的水道应是曲折的,这样气流出的速度才会慢下来。但本图例中的风水不好,因为两条河流是相对的。

★盘龙搅水形。

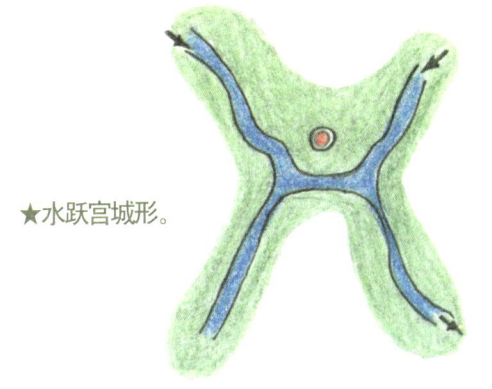

★水跃宫城形。

能认出本图中岛中央的穴和4条水道吗？也许有人会说："4是个阴数，这个图代表阴形。"其实，上方的两条道路是连在一起的，因此，实际上只有3条水道。

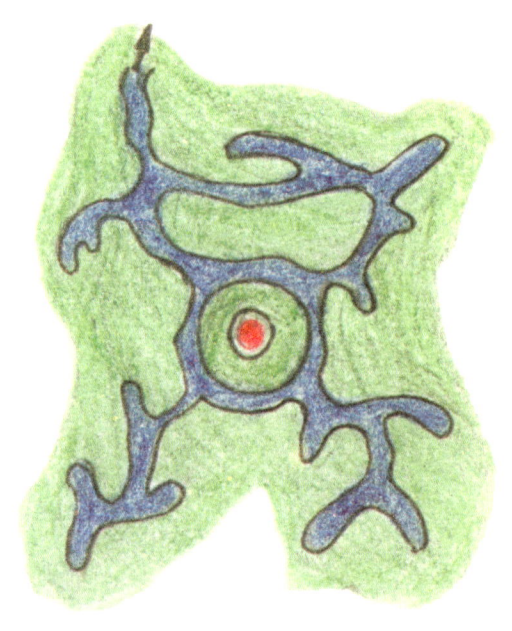

★四龙戏珠形。

★仙人弹琵琶形。

(7)手与指形

许多形势像有很多手指的手握着或抱着穴。

这里，手握穴的样子很明显，甚至在名称里就提到了。琵琶是图中左下方的两个岛的结构。

第四章　室外风水

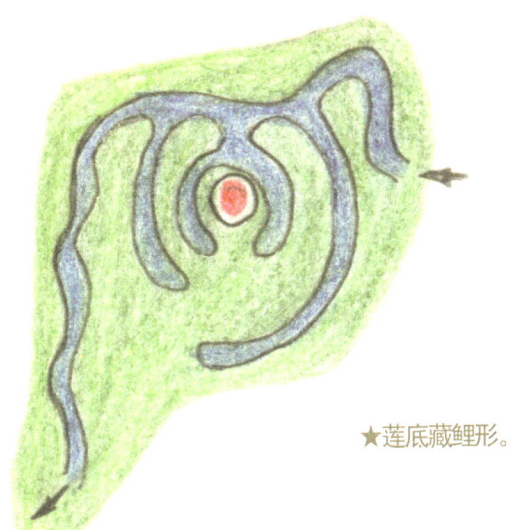

★莲底藏鲤形。

在本图中，河流的两条臂环绕在穴的两边。注意最长的手指是从青龙的方向而来，使得阳气盛于白虎方向（左边）的阴气。这是很有必要的，因为图中手指个数为"4"，是个暗藏的阴数。

第四章　室外风水

(8)掌握水龙的技巧

前面已将最主要的传统形势列出来了，如果领会了其中的要诀，就能在下页空白的水龙形势里画出穴的正确位置（答案见第272页）。

再来看一下大家能否画出每条龙的头尾。这并没有看上去的那么容易，但它是水龙风水中的关键之处（提示：先找出曲折流出的水道）。

如果能够画出每条龙的头尾的话（假定南是在页面的正上方），就再回过来标出每一个形势的出水口是八个方位（北、南、东、西、东北、西北、东南和西南）中的哪一个。找出龙头与龙尾（或水流出的方向）很重要，因为很多的水龙形势都依赖于这些方向。

总结一下基本规则，一个好的水道应是：

◆ 对房子，特别是大门而言，流向适宜。

◆ 在地点前盘旋再盘旋。

◆ 没有急弯。

◆ 不直冲住宅而来，除非紧接着曲折流过。

◆ 从家里应看不到水的出口。

第四章 室外风水

★找出下列每个水龙的龙穴（答案见第272页）。

①金钩形

②弯剑形

③飞凤形

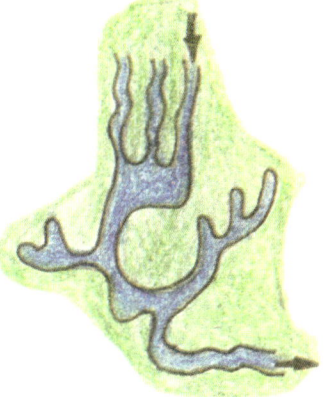

④彩虹吞云形

⑤双钩形
（要找出两个穴，有点复杂）

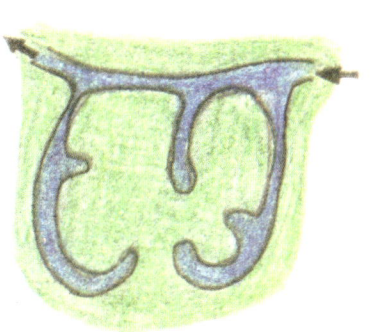

⑥龙回形
（只找出一个穴）

3.在花园里建造水龙

怎样才能利用风水里的水呢？即使只有一个小花园，也可以仿照古人大规模地建造一个小风水地形。

花园再小，也可以设法建一个小池塘。通过使用电动水泵使水循环流动，水的流动很重要，因为静止的水对风水不利。水怎样循环呢？可以安装一个喷泉装置，从池塘底往外喷水，或者让水从池塘一端往下流，然后再把水抽上去，这样就可以制造出一个可见的水流。如果打算这样做的话，就要确保可见的水流沿着正确的方向而流，回流的水（逆向的）则要从埋入地中的管道中流过。

也许有些人使用橡胶或塑料管子来引水，但最好使用自然的可半渗露的管道，这样水就可以从管道渗入土里。不过这个方法也不是最有效的，特别是对于小规模的水装置来说，因为水很快就会渗光。

在自家的花园里添置水流装置时，要注意五点：龙尾、明堂（即前面的水池）、龙爪、龙相对于前门的方向、龙口。

(1)龙尾

龙尾是水的源泉和来水的方向。从附近的一条小溪给水龙引水最理想。如果没有条件，则应尽量调整好表面水流的方向或使屋顶的水沿着一个水落管流进水流装置里。

最好用雨水而非自来水作为水龙的源泉。因为自来水经过自来水公司的粗略处理，不如溪水或雨水气盛。

沿着后墙和在建筑物后面流动的水是不吉的，它可能会使人失去一些成功的机会。把它引到屋前，从正门前沿正确的方向流过，这样就成功地完成了第一个风水改造工程。

第四章　室外风水

(2)明堂

最早,人们习惯于在建筑前设置一个水池,作为明堂(明堂的本义指的就是这样的水池)的一部分。

池子的形状可以是正方形、长方形或圆形,最常见的形状是类似长方形的,离房子最远的一端是月牙形。如果池水水源是从外面引水或雨水,它就没有一个特定的来水方向,自造的水龙通常是这种情况。

在大厦或庙宇里,水池通常被染成红色的,象征着南和离卦火的影响(这样的水池的理想方位是南)。把水池染成红色是个有趣的象征符号,它把北(水,玄武的方位)和南(火,水池的方位)巧妙地连在一起。

> **小贴士 Tips**
>
> 水池作用有三:在地点前汇聚气和水;反射天,特别是月亮;把气和天的影响带入地点。尽管很少有人提及第三个作用,但它同样很重要。

★门前水池,像本图中的华丽的喷泉,也在现代建筑中占有重要地位,为许多壮观的建筑物的入口增色不少。

第四章 室外风水

★在旱季，本图所示的龙爪是干涸的，而在其他季节里，水从山顶流到房后，又被引流到房前。

(3)龙爪

看过一些经典的水龙结构后,紧接着就来看一下可以让花园里的水龙有阳数(1、3、5、7或9)的折。也许用数个龙爪包围住宅不太实际,因为这使得住宅两侧都要建有大管道。但如果计划用屋顶的雨水作为水源的话,并且排雨管道在房后的话,则可以让水绕房数圈后再引到房前。房子的左侧(从里往外看的方向)、龙侧(阳),是建造这样的水道的最佳之地。

(4)水龙规则

在一些地方,水应当从前门经过。这里水流的方向应当遵循的最简单规则就是站在从正门口往外看的方向,而大的原则如下:

从右向左流——适用于正门对着西北、西南、东北和东南四个偏方位的房子,确切的方位分别是307.5~352.5度、217.5~262.5度、37.5~82.5度、127.5~172.5度。

从左往右流——适用于正门对着北、南、西和东四个正方位的房子,更确切的方位分别是352.5~360度、1~37.5度、172.5~217.5度、262.5~307.5度、82.5~127.5度。

小贴士 Tips

如果可能的话,尽量不要让水流经后门。另外,需要在房前的过道上建一些小桥,但不要把桥建在正对着正门的方向。

★本图的排水口掩盖在厚石板和水草下面,这样从房子里就看不到了。

第四章 室外风水

(5) 龙口

龙口，即出水口的方向，在花园风水里尤其重要。因为这是气可能流失的方向，气总会随水流走一部分。这也是为什么要将屋内的湿房间处理好的重要原因。

正如前面提到的，第一条规则就是从房子里看不到出水口。因此，如果水龙是条小溪的话，它应先转个弯，转到一些树或灌木丛的后面，然后再流走。如果是条家庭花园里的水龙，就可以从隐蔽的下水管或碎石排水沟里排出。

很明显，如果是人造的池塘，那么排水管道的大小和位置应满足把水导回到水泵或喷泉的要求。

四、花园风水

一个欣欣向荣的花园是家里好风水的最好的标志之一。绝对不要把死去的或垂死的花草留在园中，也不要让花园杂草繁茂，因为这些东西都会聚集阴气。另外，去除腐朽的树桩也很重要。

1. 花园的四兽

前面已介绍过四兽，任何建筑的周围都应有四兽环绕守护。仔细设计花园，使四兽都有实际的或象征的代表物。例如，当放置一座假山时，假山其实就是一座微型的山，它象征着玄武，从后面护持着房子。

很明显，在住宅或写字楼的门前摆放假山对风水不利，摆在房子两侧也不好。如果花园的后面有山、高墙或高楼的话，那么就是有了玄武。如果没有的话，就应该考虑在这个位置建一座假山、一堵墙或种植一排大树。

建在房前开阔地上的水设置，特别是流水装置，其根据是形学风水。鉴于水在风水里的特殊地位，在考虑建造流水装置时应仔细规划。在开阔地之外应有一个小高地或一堵矮墙来保留气。这就是位于正前方位的四兽之一的朱雀。

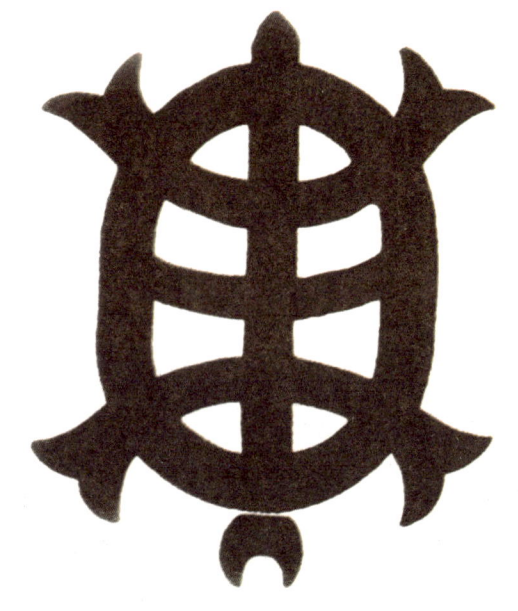

★黑色（玄武）。

在房的两侧应有围墙或像墙一样的树木或环绕的山丘。站在正门往外望去，右边阴的白虎应该比左边阳的青龙稍矮一些。右边种上枝叶繁茂的篱笆墙，比如竹篱即可。注意，如果阴侧更明显一些的话，就要尽量加强阳的青龙一侧，这可以通过灯光或其他的结构来进行补救。

在住宅或办公室里，用的是后天八卦顺序，而在外面的花园里，则应当使用先天八卦顺序。

还要考虑到视觉的效果。有人说，在花园里，应该三步一景。不管怎样，最重要的是，要保持阴阳的动态平衡。

第四章 室外风水

阴的事物包括树、空间、黑暗和潮湿等，阳的事物包括阳光、高地、石头和干燥等。这并不是说要把阴和阳任意地混合，而是说花园应该布置得阴阳交错，和谐相配。目的是使小环境里的阴阳和谐，往明堂输送气能，从而使气被房子吸收。

★一盆精心剪裁的盆栽会促进好风水。

小贴士 Tips

在传统中，花园大多模仿自然景观来设计，这种方式是一种程式化，且古怪或夸张。如北京的颐和园中有山有湖，看上去别有一番景象，园中的小环境就是意在模仿自然世界的大景观。

风水的影响常在这些花园里得以体现。例如，桥经常会在湖或溪水的中间拐上一个合适的角度，以避免笔直的长长的桥带来不利。

树木也会按照一定的模式进行修剪。这一点在盆栽上体现得最为明显。人们把树经过人工修剪后使其仿似小的自然景观。有人说，盆栽是坏风水，因为自然的生长力量被限制住了，其实精心的设计就可以弥补这一点。

盆栽象征着把整棵树的能量压缩在一个小的空间里，用于室内时可以很好地补强五行之木。

实用风水

★池塘可汇集益气，特别是像图中这样池岸曲折的池塘。在池的边上用墙或高地来留住汇集的气。

2.花园小路、石头和照明

⑴弯曲小路

如果有个私家花园,就有绝好的机会来实践形学风水,以显著改善自家的风水。花园不应该是僵化的固定模式,如被设计成一个个方格子,花园小路也不要是长长的笔直小道。相反,花园里的线条应是弯曲的流线形,这样气才会在花园里顺利地流动。

★如果想使花园布局和谐的话,应避免使用固定的格式。弯弯的小径和随意种植的花草树木使花园看上去很自然,也会促使气缓缓流动并汇聚起来。

特别要避免从一头直通到另一端的直路。直路是花园风水的大忌,尤其是传统的从房屋正门直通院门的直路更应避免。如果不能在保留原有布局的条件下使这条路变弯的话,那就设法另开院门,使其不要直对着前门,这样路就会被迫转弯了。然而,如果院门和正门之间的距离很短的话,这样的设计也是不现实的。

如果小路是用大的垫脚石做成的,就要量好石头之间的距离,以便左右脚可以方便地向前行走。石头之间的距离肯定会影响行人的脚步,进而影响到气沿着路流动的速度。长的缝隙会使人迈开大步,而短的间距会让行人放慢脚步,所以石板路的间距最好小一点。

(2)奇异的石头

石头是花园风水设计的重要部分。在一些庙宇里可见到一些形状怪异的风水石头,这些石头通常与庙宇的其他部分隔开。石头是自然的,但它们的形状非常奇异,满是小洞,而且被水深深地侵蚀。这些扭曲被认为是道在自然中的反映。

这些石头可在阴的环境里起到阳的作用,它们经常被放置于代表水的被耙过的砂石中,这块本是阴的平地就变成阳的了。

如果放置在花园里需要补土的地方,石头也可代表土。但是要小心,形学风水对那些状似猛兽或带有尖角的石头有很多讲究,这些石头在风水上另有意义,因此应该排除在自家的花园之外。确定要放进自家花园里的石头,摸起来和看起来都应是温和的。

安徽省有个著名的湖,是最好的灵璧石的产地。灵璧石是一种被水高度侵蚀、光滑坚硬的石灰石,形状奇特。当需要补强土时,灵璧石即可派上用场。

★在一个园林里,可以看到一个由石头构筑的模仿自然景观的假山。

(3) 花园的照明

完全重新设计花园常常不太现实，但花园的照明是个可以产生巨大变化而且自己可以完全掌握的东西。光是阳的，要想平衡过多的阴，简单的方法就是通过增加花园里的灯光来加强阳。

有人建议用灯光来弥补房子失去的角，这样的灯光就成为花园风水中不可分割的一部分。

★可在自己希望加强阳的地方安置灯光。装饰性的塔状灯柱与高灌木丛和花儿搭配和谐。

实用风水

如果花园一角太阴冷、黑暗或凄凉的话，就需要增加气。最简单的方法就是用灯光。当然，有时把这个角彻底地打扫一下也可以起到同样的效果。使用灯光时应确保阴阳平衡。

植物也是花园里重要的部分。种植花草树木时要尽量避免客人能一眼将花园看个遍，这样，客人才会为每个转弯处发现的新景观而惊讶不已。

如果空间允许的话，花园里应建有暗藏的凉亭和景观。把阴阳巧妙地混合在一起，不要让阴和阳过于强盛。任何一个好的园丁都会马上意识到阴阳和谐的好处。

★把一些活泼、多样的植物种在阴暗的角落也可起到与用灯光来增强阳气一样的效果。

3.吉祥树、水果和花卉

长久以来,用植物来象征它物是中国文化的一部分,某些树或花有着特定的风水象征意义。例如,象征长寿的松树,可种在老人的居所或其他适宜的地方。竹子象征长寿,同时还以坚韧和生长迅速而著称,因此,最适宜放在正门左侧(从里往外看的方向)青龙的位置;竹子的迅速生长会使青龙很快超过任何白虎。竹节被用来制作笛子和风铃,表明竹子可引导气。

★竹子。

(1) 具有象征意义的水果

三种吉祥果在花园风水里占有一席之地。这三种水果是：石榴、桃子和佛手。石榴象征着很强的生育力，因为石榴上满是籽，"籽"与"子"谐音，"子"在汉语里也指孩子。巧合的是，风水罗盘上指向北的汉字也是"子"，这些是有内在联系的，因为北是孕育春天种子的地方。半开的石榴还是一个很受欢迎的结婚礼物（早生贵子），石榴树也有帮助提高生育能力的象征意义。

桃子有性的寓意，象征着阴的精华。道教炼丹术的根本就是滋阴补阳以延寿，因此，桃子也被看成是长寿的象征。手握桃子的寿星是长寿和成功男性的象征。

★寿星是中国广受欢迎的神仙，他的手里拿着一个成熟的桃子。

第四章　室外风水

桃树枝被认为具有驱邪逐魔的效力，因此，道家大量使用它来制作笔和书写的材料以作为护身符，它还是制作防煞之物（包括八卦镜）最好的木材。门神和家神常用桃木刻成。桃子还被认为是可使人长生不老的吉祥物。

★桃花。

第三种吉祥水果是佛手（字面意思是佛的手指），因其形状而得名，它象征阳。另外一种水果是橙子，人们常常把它当成一种礼物互赠，在春节期间特别流行。橙子的颜色是金黄的，送收橙子象征着给予和接受财富。其他很多水果也有一定的寓意，例如，红杏被用来象征有婚外情的已婚妇女。

(2)春天和秋天的花

梅花是春天最先开放的花,因此它被看作很特别。人们描绘梅花为"冰肌玉骨",梅花在风水上象征着婚姻。

菊花开在秋天。菊和梅分别象征着男人和女人。

★菊花象征着长寿。

(3)有益的植物

水仙花是一种有着丰富的风水象征意义的植物,也叫水莲,字面意思是"水不朽"。它象征着好运,并与五行的水联系在一起。另外,还有一种植物叫枫树,它的名字听起来像风,象征着约会成功或事业发达。

莲花是一种与佛渊源甚深的水生植物,象征着纯洁与精神上的境地。在世俗的层次上,当和其他不同的符号联系在一起时,莲花可代表其他不同的意思,尤其是新机遇的开始或社会的进步。它从池底的污垢下长出来并开花,象征着完美以及冲出阴暗。

> **小贴士 Tips**
> 与肉质叶的植物相反,长钉的、多刺的或有尖角的花在风水上被认为是不好的,不应种在花园里。

★荷花是在池塘中自然生长的,但也可以在人造的容器里生长。

实用风水

　　桂树是象征获得奖学金或通过考试的植物。"折桂"一词代表通过考试。可以把桂树放在学生房间里,此象征考试的方位,以助其通过考试。

　　另外一种特别的风水树是梧桐树,也叫桐树。据称梧桐是朱雀的栖身之所,因此,人们把它种在院中或地基前来代表朱雀,不过正对着大门种植不吉利。

　　宝石树,也称为金钱树,常种植在室内的东方或东南方位,以补强木气。

★宝石或金钱树叶子多肉,象征着财富和美满的生活。

第四章 室外风水

最后是牡丹,或称"花中之王",是财富和高贵的象征,同时还具有性的象征意义。在各色牡丹中,红色的最吉祥。奇怪的是,它也被认为是一种阳花,或许这与它的颜色有关。牡丹与芙蓉种在一起,象征着财富和声望;和野苹果种在一起,则象征着全家人的财富和存款。

(4)风水布局

风水是花园的核心。这样的花园鼓励人们通过沉思来感受一种禅的平静的境界。在住宅、寺庙和宫殿里,花园被用来布置风水。不管在古代还是在现代,都有"生气生于花园,进入家里"之说。

★七层宝塔是常见的风景观。塔角上翘以避免给附近带来不利影响。

本章小结:四个方位分别对应着四兽:玄武、朱雀、青龙和白虎。形学风学曾是皇帝的专利,如今也可在家里的花园中利用它。龙有很多种,水与龙相联系。阴阳平衡是花园风水的关键,这样对住宅有益的气才会产生和聚集。

实用风水

第五章　风水补救与风水术

一、八宅风水法
二、风水补救法
三、风水符
四、东四命和西四命风水术

不要被"让术"或"技术"这样的词吓跑，这里要介绍的就是特定的风水实践。第一种风水术是八宅法，它较多地运用在前面学过的知识里，特别是八个方向及对应的八卦。

在这里，还将会介绍一些关于化煞之物的知识，如风铃、颜色、笛子、喷泉和镜子等，以及如何对五行平衡进行改动，从而使自己的生活产生重大的变化。东四命、西四命风水术讲的是如何把自身风水和住宅风水联系在一起，这在买新房时非常重要。

一、八宅风水法

理气派风水里简单但最有效的技术之一就是八宅法，它的依据是指南针的四正（东、南、西、北四个正方向）和四维（东南、西南、西北和东北四个偏方向）。简单来说，就是这种方法把家或办公室分成洛书上的九个方格。接着，就来看看代表生活某一方面追求的方位，从而决定风水改变的目标并确定需要改变的方位。

1. 八宅法

这种方法通常用于家中，也可在办公室里使用。在实践中，最好先分析整个房子，然后再依次在每个主要房间里应用洛书九宫图，特别是客厅。

(1) 如何使用八宅法

以下是使用八宅法的八个简单步骤：

◆ 按一定比例画出住宅、办公室或一个房间的精确平面图。

◆ 在图上标出四正、四维八个方位。

◆ 把洛书放在图上，把图分成九个方格。

◆ 确定生活中的八个追求分别所在的位置。

◆ 在每个方格里标出对应的五行。

◆ 依次查看每个生活追求是否如意，是否需要加强或补救。

◆ 利用五行知识，确定对增强或补救某个生活追求的方法。

◆ 把补救之物放在正确的位置。

下一步，将详细地研究每个步骤。

(2) 画出精确的平面图

如果弄错了图形比例，就有可能把补救之物放在错误的位置，就会变成错误的风水，因此，画出精确的图形是非常重要的。

★ 八宅法可用在整栋房子或办公室里，也可用于单个房间。

第五章　风水补救与风水术

(3)标出八个方位

对照指南针来正确标出方位。如何查出这些方位的具体位置呢?

如果使用变通指南针来对单个房间进行查看的话,就要注意以下事项:

◆把指南针放在房间中央的地板上,转动指南针直至染上漆的那头指针正对着北字标记。

◆保持指南针不动,读完所有的方位。

如果在整栋房子里使用八宅法,则要注意:

◆拿着指南针,背对前门,脸冲外面,转动指南针直至染上漆的那头指针正对着北字标记。

◆从屋里向外看,检查一下指南针上哪个方位离自己最远,并在图上记下这个方位作为前门的方向,再依此确定另三个正向。

如果自己觉得可以了,就可以重复上述操作。从住宅的主要外墙向外看很明显,但要确保在图上标记的南正对着北,东正对着西。接着,标出四正向之间的四维,南西之间标上西南,等等。

注意罗盘的操作与一般指南针略有不同,详情将在后面讲到。

★这个街道样图显示,利用地图而不是指南针就可确定自家住宅的朝向。

第五章　风水补救与风水术

如果没有指南针，而又急于尝试风水，也可以用当地城市的市区地图来确定。

调整地图的方向，使北方在正上方。然后，开始找出房子所在的街道，如果它是从上到下，那就是南北向；如果是从左到右，则是东西向。

下一步确定自己的住宅在街道的哪一侧。首先，确定房子的朝向；其次，在房子的平面图上标出其余三个正方向和四维。要记住，虽然地图可以确定房子的朝向，但指南针是最精确的，目前阶段也只需要八个方向。接下来，为了做更精确的工作，必须有个好罗盘来挑出二十四个方向。

(4) 把洛书放在平面图上

方法：量一下房子的长边，把它划分为等长的三段，同样，再量一下短边，将之划分为等长的三段。接着，划出分隔线，这样就把房子分成九个小方格了。

对于一栋正对着指南针上主方向的方形的住宅或办公室来说，这样的划分很容易。因为方形的房子，洛书与之完全吻合。

当划分一栋住宅时，人们经常会说"像西南角"这样的话，但当房子有一角正对着主方向时，西南就会成一个面而不是角，这时就会产生混乱。

西南在一栋房子里可能是一角，但

在别的朝向的房子里则可能是一面，因此，不如说是"西南部分"而不是"西南角"，这样就不会产生问题。但在L形或形状不规则的房子里，情况就有些复杂。

除了以上情况，还应当尽量将整个结构包括在洛书内。记住，最重要的一点是只有当有两个明显分开的起居区时，才能把L形的房子当成两个分开的区域，并且每一个都要和洛书分别对应。

> **小贴士 Tips**
> 请注意主方向是不变的，只是不同的房子其朝向不同而已。在中国式的地图上，南方总在正上方。

(5)找到代表生活八个追求的位置

现在房子已经根据洛书划分为九块，每一个区域都和一个生活追求相对应。接下来，就把这八个生活追求写在洛书的每一个方格里。

八宅风水术认为，在建筑物或房间里的特定部位改变气的流动就会对主人生活的某方面产生影响。八个生活追求被认为是涵盖了生活中人所追求的更重要的东西。

名望（南）和事业（北）分列在建筑物或房间相对的两面。从某种意义上来说，这两者是互补的。名望对大部分人来说，其实就意味着为朋友和同事所熟知。名望，从这个意义上来说，通常是工作上取得发展的关键，加强两者可助事业发达。

东南	南	西南
财富	名望	爱情

东北	北	西北
知识	事业	老师

东	中	西
家庭	健康	孩子

(6) 划分的方法

有些地方是先找出地点的确切的重心位置,然后把它分成八个等分的楔形。从罗盘的观点看来,这种分法在地理上更精确,但它不可避免地要跨过很多墙并使房子的划分非常混乱。

洛书分隔法中,单个房间通常会归于一个方格中,这对分析来说非常有用。楔形的分法会使结果更精确,但比较困难。

东西向的轴线显示出自己的位置,上至远祖(东),下到子女和他们的后代(西),自己处在中间。简单来说,就是东方代表父母和家庭,而西方则与孩子相对应。

西北—东南向关乎生意兴隆与否。东西代表财富,特别是经过努力获得的。获得财富最关键的是什么?良好的关系,或许就是一个好的老师(西北角来代表)。如果是商人,则加强这两个方位很有意义。

东北—西南对角比较不显眼。西南代表有个好姻缘,这在古代是件大事。在世风开放的当代,加强西南角,可以增加爱情和亲密关系的机会。

2.运用风水补救

到底什么需要补救呢？不妨来看一个例子。

例如，孩子学习不理想，可能会想到是受西方（孩子）和东北方（考试和知识）的影响。这时就来检查一下，也许房子的西方是个装满杂物的储物间，解决办法是：彻底清理干净；也许东北方是个厕所，解决办法是：尽可能使厕所的门常关，甚至在整扇门上镶面镜子，让厕所从眼前"消失"。

当生活中某方面遇到挫折时，就会发现往往总是房子对应的部分被阻塞了。解决方案也许只要简单地从侧面思考并灵活处理即可。

> **小贴士 Tips**
> 记住：用具有五行属性的实物进行补救效果最理想，这比用画的代表五行之物效果要好得多。

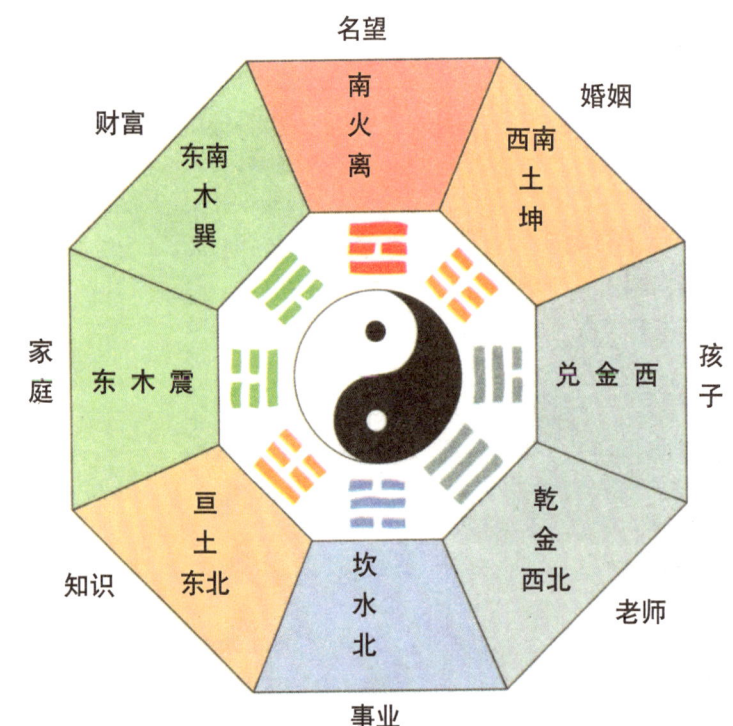

★生活的八个追求、方位和五行。

第五章 风水补救与风水术

(1) 标示出对应的五行

前面已经把生活的八个追求写在平面图上,知道了它们与哪间屋子或屋子的哪个部位相对应。接着,就是把五行放上去,然后开始看风水。但当在平面图上标出五行时,会马上发现五行不能正好放在九个格里。以下是解决方案:

对角的总是相反的,正如火(南)对水(北)、木(东和东南)对金(西和西北)。作为中央的土,它占据了从东北到西南这条对角线。

那么,这有什么用呢?简单来说,这种风水术是为了加强生活上的某个追求,只要在适当的方位上补强相应的行即可。

当然,也可以做得复杂一些,如把五行的生行放在适当的位置上以加强所要的五行。

(2) 找出需要加强的生活追求

一些人试图加强生活的各个方面,但结果往往是生活变成一个漩涡。

保存一本笔记是客观记载风水变化的唯一方法,这样有助于清楚地了解发生的情况。用笔记本的好处是能知道哪些地方是不是运用了错误的补救措施。选择要加强的一个生活追求后,就可以开始利用设计、加强或补救措施来解决问题。

> **小贴士 Tips**
> 准备一个笔记本,计划加强一个部分,如确认房子的某一个部分的情况与自己生活的某方面的问题有关,然后再对这部分进行改善。记住:一定要写下自己所期望的结果、所进行的补救措施以及实施的时间。

(3)利用五行

风水化解（对觉察到的问题的整治）或加强（设计的变化，以加强进入特定部分的气能）首先要确定合适的方位，然后再按以下步骤进行。

◆在这个方位补强适当的行。
◆加强母行。
◆消除积物或移走能破坏自己要尽力培养的行的东西。
◆改变装饰使之与上述的行相谐调。
◆在这个部分放置特定的化解之物。

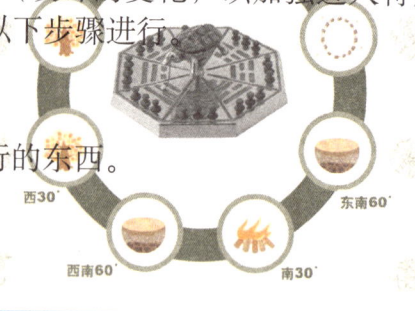

第五章　风水补救与风水术

下表列出了生活的八个方面的追求、方位、五行和颜色。

期望与五行

家中方位	追求	五行	颜色	母行
北	事业	水	黑、深蓝色	金
东北	知识、考试成功	土	黄、土色	火
东	家庭、祖先	木	绿色	水
东南	财富、成功	木	绿色	水
南	名望、地位	火	红色	木
西南	爱情、婚姻	土	黄、土色	火
西	孩子、后代	金	金、银、白色	土
西北	老师、网络	金	金、银、白色	土
中	健康	土	黄、土色	火

小贴士 Tips

不要盲目地把客厅的四壁分别漆成亮绿、红、黑、黄和金色。风水是一种微妙的平衡，需要用一种五行颜色去加强另一种五行。

(4)放置化解之物

现在可以试着改变风水了。必须小心行事,注意力集中,然后,静观其果。一些改变可能会在数天之内显现出来,也可能从改变之时起,事情就开始出现转机并逐步改善。

★黄色有助加强土,但也有很多比把每一堵墙都刷成黄色更巧妙的办法,如运用花或画的颜色。

第五章 风水补救与风水术

二、风水补救法

既然已了解了哪个五行需要加强或遏制，以及要在房中哪个地方进行，那么，剩下的问题就是用什么方法来进行化解。换言之，就是需要知道到底开什么样的处方。"开处方"，这个词听起来像医学名词，但人们在谈及风水补救时普遍接受了这个说法。

1. 五行补救法

首先来看一下如何操作五行，并使五行平衡或加强一个或多个生活追求。这些做法的依据是五行的生克制化理论。

激活一行有两种简单的方法：一是补强这个行（或者退而求其次，增加象征物），这里需要注意的是，尽管增加的是实物的水，其实，增加的是水的能量；二是通过补强这个行的母行，如果想激活木的话，可以用水，因为水生木。

可以把五行看成一个家庭，对其中一行来说：生它为母，它生的为子，制它的为祖，与之相同的则为兄弟。

这里以木为例：
木之母——水
木之子——火
木之祖——金
木之兄——木

中国人的家庭观念很强，家庭结构常被用来比喻别的事物。事实上，在这里所要做的就是顺应宇宙生衰的过程。简单来说，风水就是通过改变五行的相互作用来调整环境里的能量和运气。

假定自己需要加强某一特定的行或因某行太盛而要压制它。首先就要了解下页的表格。这个表格列出了每种行的加强、控制和破坏的补救方法以及进行补救的适当的方位，从表中很容易就可选出自己要使用的东西。

第五章　风水补救与风水术

方位	行	兄 加强	母 生	祖 控制	子 削弱
东、东南	木	木	水	金	火
南	火	火	木	水	土
西南、东北	土	土	火	木	金
西、西北	金	金	土	火	水
北	水	水	金	土	木

> **小贴士 Tips**
> 关于鱼箱里养多少条鱼才是吉祥数字有很多无稽之谈。其实，只要水箱能养得下就行。但如果想要吉祥的数字的话，奇数最好，因为奇数是阳的数字。

(1) 水

水位于北方。为了激活水，可以用活水，或者是象征水的东西，如黑色或瀑布画。水是木的母行，因此，在东方或东南方增加水也是合适的。

典型的增强水的东西是水箱或小的室内喷泉。水应是流动的、活的（阳），而不应是死水（阴），这一点至关重要。静止的养鱼箱会产生滞气，最好不要采用。鱼也有助于水的流动，其本身还有象征意义——金鱼上金黄色的鱼鳞是财富的象征。

鱼还有其他三个作用：首先，它们的游泳帮助水的流动；其次，对金鱼和锦鲤来说，它们的金黄色象征着财富；第三，确保养鱼箱的尺寸不要太大。在商业环境里，太大的养鱼箱可能会使员工们陷于繁琐的工作之中，而无暇顾及效益。

实用风水

如果往水箱里放鱼，9条是最好的奇数数字，因为它象征洛书九宫。小喷泉也行，因为它使水循环，有助补强水。如果用于东南或东方，健康的水草还可象征这个方位的木。这是一个传统的补救措施。

传统的水的颜色是黑色。从装饰的角度看，用黑色后再用金银线进行点缀装饰，会产生一种特异的效果，比仅把一个地方涂上沉闷的深蓝色要好得多。

★一个养有金鱼的小水箱能影响屋子里的风水，但要确保有个供气装置，才不会使之变成死水。

第五章　风水补救与风水术

(2) 火

火位于南方。要加强它,就要补加火或火的象征物。火生土,故也可以在中部、东南和东北方增加火。

明火如壁炉火或烛光都是补强火的绝好选择。但有一点需要注意的是,在大部分有壁炉的屋子里,壁炉并不在正确的方位上,用蜡烛则有发生火灾的安全隐患。当然,除了壁炉火和烛光,现在还有很多其他的增强火的东西,比如电灯和红颜色的物体等。

火所对应的颜色是鲜红,但也可以用浅一点的颜色来搭配,如:加点黄色就变成了橙色。土黄色也不错,但这种颜色与原色相差甚远。紫色有时也算属火的颜色,但它更适合用在贵族之家。

★燃着的红蜡烛可以给任何屋子增加火,但要小心,必须放在安全的地方。

(3) 土

土位于中、西南和东南部。为激活土，可增加一些土的象征物。土是金之母，因此，在西部或西北方增加土也可以。

土在洛书中占有三格。土的增强物可以是水晶或灵璧石。水晶是一种光滑但形状有趣的石头，过去经常为道学家收藏。这样的增强物还可以当作一个锚，在一些花园里看到的巨大岩石就体现了这一点。

当然，水晶还有一个独特的作用，就是它不仅来自于土地，而且还折射阳的光线。有种装置是水晶球被下面的流水不断冲击并旋转，其制作精良，是很昂贵的改善风水之物。其作用不仅仅是补强土，还有其他功用。

土的颜色包括黄、浅黄、浅黄褐色以及紫色。

(4) 木

木位于东和东南方，可通过种植草木或利用木的象征物来补强它。木为火之母，在南方也可以增加木。

这里的木当然是活的植物而非无生命的木头家具。茂盛的竹子、无刺植物都可作为木的增强物。成捆的发芽的竹子是极好的木的增强物，它们不需要土而可以在水里茁壮生长。注意枯萎的植物不宜采用，活的植物才有助于缓冲硬线条或尖角所产生煞气。

★不带刺的健康植物对补强室内的木起着重要作用。

第五章　风水补救与风水术

枯萎的或不新鲜的插花应该扔掉，因为它们会产生阴气。仙人掌或冬青之类的带刺植物也应当避免。这样的植物除了让人联想到小毒箭之外，还会令周围的人感到不舒服。

木的颜色是嫩绿色。

(5) 金

金位于西和西北方，可以用任何象征金的东西来加强它。金为水之母，也可以在北部增加金。

金是从它的"母"土中提炼出来的，象征一些人造的东西，特别是家用电器。较好的金的增强物有电视和电脑，这些电器画面的移动和电流会产生额外的阳气。金属雕刻也可以，但应避免使用尖的带刺的雕刻。

金的颜色有点复杂。白色比较合适，因为它与代表水的黑色相反。除白色之外，所有的金属色都可供选择。金属的字根是"金"，与金子的"金"是同一个字，因此，金色就成为西方和西北方最恰当和最引人注目的装饰色彩。

★电视是最好的金的增强物，因此，在屋内摆设中占有重要地位。

2.灯光补救法

有人说，只有与五行有关的补救才是真正的风水补救。其实，光、声和运动也可以改正或加强风水，所有这些都是属阳的，正好与阴性的黑暗、寂静和静止相反。

光是阳的，可增加气。光包括自然光、灯光、烛光等明火，以及棱镜或装饰性的树形灯这种能吸收并折射光线的东西。光还属于五行，可用来驱走黑暗角落里过多的阴气。注意，风水讲究平衡，最理想的室内阴阳比例是阳占3/5、阴占2/5。

光还可以用于帮助L形的建筑取得平衡。在室外缺失的某个角落里放一只灯就可以把L形的地形象征性地变成长方形的。顶灯也可以帮助减小压在头顶的横梁带来的压力。

将照明应用于风水是一门艺术。

★本图的房间使用了聚光灯来补强自然光。

第五章　风水补救与风水术

3. 风的增强物和笛子补救法

风与声紧密相连。声是阳性的，可增加气。注意，这里用的词是"风"而非"空气"，意即表示"气"需要流动，而非静止不动。

提起与风有关的器具，人们很容易便会联想到笛子。传统上认为气是用管子来引导。笛子的用处之一是减小头顶横梁向下的压力。为此，要把笛子成对挂在横梁的一侧，并向下与地面成45度角，这样笛子就能帮助向下引导混乱的气流。

横梁阻挡了气在天花板上的流动，从而产生乱流，所以人最好不要坐在或睡在横梁的下方。如果人长期坐在或睡在横梁下，乱流就会导致头疼，甚至可导致其他更严重的问题。

另一个常用的管状风水补救物是风铃。风铃和笛子其实是同一种物质，但因为风铃是用许多根长度不同但特定的管子做的，所以效果更好。风铃常用在走廊等地以引导并减慢气的流动。

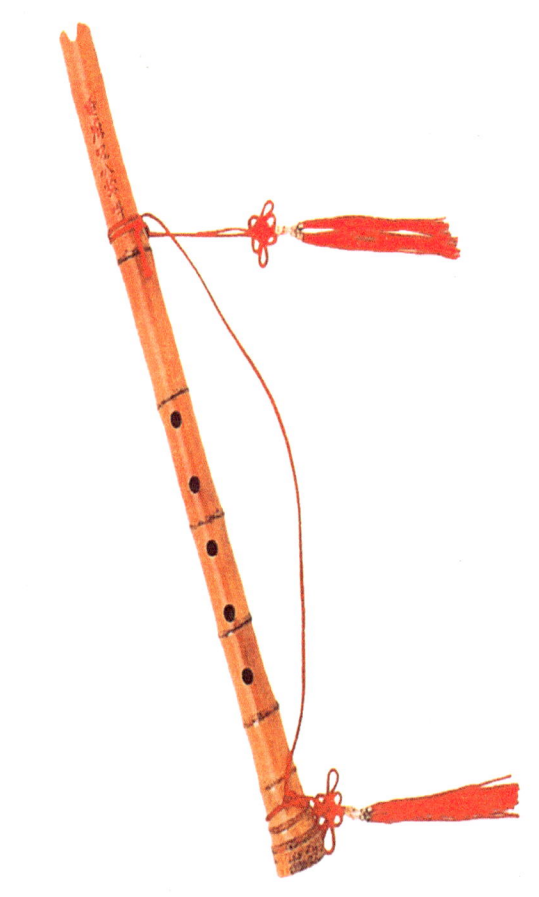

★风笛是管状的，用来引导气流。风笛还可以发声。

两门相对（三门对穿更糟）的走廊里，气的流速很快。在前后门相对的厅里，减慢气的流动尤其重要。利用风铃就可以化解此种情况。

小贴士 Tips

第五章　风水补救与风水术

关于风铃的管子数目、材料，空心还是实心有很多说法。典型的风铃应有五根空心管，有特定的长度，并根据五音调声，可以用金属或木头做成。

在不宜用金属的地方，比如，在想要聚集木气的地方，最好选择木风铃。实心的金属管风铃常被用来压制浊气，如厕所产生的气。实心管当然不能像空心管一样来引导气流，但它可以提供额外的动态的金（阳）。

(1) 电器

风水出现和成形之时尚无电器，但现在人们一致认为电器属五行的金，又因为电器产生动作和声音，因此是阳性的。金最好放在西部或西北，也可放在北部用来生水，但在东部和东南部这些木的方位上则不宜放太多的金。

(2) 水晶

在地下空地道或洞穴里，矿物质被晶化后就形成了水晶簇，人们几乎把它们看成是龙在土里的脉。因此，水晶簇是典型的土的增强物。尽管传统的风水里没有提到过水晶，但水晶在今天却很流行。

人们制造了复合的增强物，把一个石球放在一个水晶簇里，下面的水不断往上喷，石球就会不断地转动，这样就形成了土和水的结合。有时球转动，还会喷出气状的水雾。

4. 运动之物补救法

在有些地方，特别是在拥挤的老式办公大楼或公寓楼里，办公室和住宅都远离街旁的前门。为了促使气到达建筑的纵深处，人们使用了一些有趣的装置，如：把理发店门口的回旋灯柱放在楼梯平台或转弯处，就可起到把气引到建筑深处的作用。有时回旋灯柱还用在饭店或其他商业机构的门口，同样可起到吸引财气和顾客入内的作用。

旗子是个用于风水补救的传统运动之物，鲤鱼和龙形的旗子相对来说会更好。尽管国人不愿把钟当礼物送，因为钟暗示着死亡（"钟"与"终"谐音），但有时还是可以看到人们在需要激励阳气流动的地方放置落地大座钟。

5. 阻挡、变向和吸收补救法

传统最重要的改善风水之法是阻挡形煞的煞气。又长又直的街道正冲着前门或高大建筑的墙角、电线杆、尖顶、柱子对着自己的门窗都可构成形煞。

> 小贴士 Tips
> 通常情况下，自己无法改变产生形煞之物，因此，最好的办法就是挡住它。看不到的东西就不会为其所害。

最简单的办法，就是用一堵墙或一个照壁来阻隔。当无法进行阻隔时，可选择改变煞气的方向。镜子，特别是周围有八卦图案的八卦镜在这里就可以派上用场。放镜子时，要确保形煞之物尽收镜中。但这种变向法有个不足之处，就是可能会把能量导入另一家去，因此应注意。

★周围刻有八卦图案的八卦镜用来改变煞气的方向。这样的镜子只能挂在室外。

(1) 石敢当

石敢当是一种奇特的石头，一般安放在煞气的来路上，并且上面通常刻有如"此山敢挡"或"此石敢挡"之类的字。有时，上面还会有太极（阴阳鱼图案）、猛虎（阴）头或八卦图来加强威力。石敢当被认为是八大道教圣山之一泰山的缩影。

另一种阻挡煞气的雕刻是风狮爷，它是一种雕有狮子头的巨石，竖在地上以抵御邪风或煞气。另外，人们还认为风狮爷可以有效地驱避因风吹而引起的疾病。

石敢当有时还被用在桥尾。这是因为人们认为桥梁会对河两岸产生很强的煞气，并且这种煞气比直路的更强，而石敢当正好可以挡住这股煞气。

上述化煞之物要在冬至后第12天的早晨竖立。冬至日是每年的12月20～22日，因此，冬至后的第12天大约就是1月1～3日之前。

(2) 镜子

镜子一直带有神秘的色彩。镜子不但反射光和景象，而且还会使影子反过来。

镜子有两种：普通的平面挂在墙上的镜子和特制的镶嵌在先天八卦图中八角形或圆形的镜子（有凹面、凸面和平面的）。当然，八卦镜是反射煞气最常用的工具之一。

在风水上，镜子通常和八卦图结合在一起组成八卦镜，但有时也会和猛兽的图像镶在一起，特别是狮子、老虎或手执武器的门神。还有一种不太常见的图形，即八卦镜下面有个骑着白虎的威猛的紫星神，图形上有"紫星高照"四个字，意思是紫星的光芒保佑着这所房子；甚至连老虎额上的皱纹都被画成"王"字形，意思是国王用来增加驱邪除魔的威力。因此，这块匾不仅仅只有一个八卦镜，还有很多别的驱邪的东西在上面。

实用风水

还有一种特殊的镜子叫白虎镜。这种镜是凹面的，人们认为它能把任何照得到的邪物逆转过来。白虎镜早在数世纪之前就开始使用，它是化解故意破坏风水行为的有趣方法。

事实上，普通的镜子也常被人们用于风水。

★八卦镜与身骑白虎的威猛的紫星神结合在一起，可以产生非常强大的保护力量。

(3)门神

门神是或粗略或精细地画在一张纸上的威猛的战神,一般新年的时候贴在门上,是一种不用付工资的象征性的门卫。门神的出现至少要上溯到公元前4世纪。门神的职责是赶走鬼魅和驱除煞气。

三、风水符

因为风水深深植根于中国文化中，所以，很多神话和民间传说也被融入风水之中。有人说，神话和民间传说是继形学风水和理气风水之后的第三大风水门派。当然，关于这些传说有一些是半学术性的真理，有一些确具一定的逻辑性，在这里就把这些"半学术性的真理"当成是一种风水符号，下面将一一进行阐述。

1.动物吉祥符

中国人利用民间传说符号由来已久，而风水本身也是非常象征性的，在这里收录了一部分，大家将会看到中国文化最多彩的一些东西。下面还介绍了一些有趣的双关语，它们揭示了中国对待运气和财富的总体态度。

> **小贴士 Tips**
> 蝙蝠的"蝠"和福气的"福"以及护身符的"符"发音一样，因此，"福"与"蝙蝠"联系在一起。许多神像和中国的陶器上都刻有蝙蝠，这是利用双关语的吉祥符中的一例。

(1)看门狮

也许最有名的护卫符要数看门狮子。在很多重要机关单位的入口处都有一对这样的狮子守卫在两侧。狮子在中国早已绝迹，因此，看门狮更多地是根据其象征意义而非自然历史来解释。传统上，狮子总是一雌一雄成对摆放。

怎样才能分辨出雌雄呢？看前爪。雄狮的一只前爪一般放在一个精心制作的球上，或许是一颗象征性的珍珠；雌狮则把一只爪子放在一只向上卷起的幼狮身上。另外，在传统理论上，狮子的鬃毛簇数显示居住在房子内的官员的品级。

第五章　风水补救与风水术

★本图中雕刻精细的狮子,象征生意兴隆。

(2)三足蟾

三足蟾是最受欢迎的风水动物吉祥符之一。如今的三足蟾多是用树脂或石膏做成。三足蟾少一条腿,坐在一堆传统的金元宝上,经常戴着皇冠,口里衔着一枚铜钱,据说可为主人带来财富。

★自古以来,三脚蟾蜍广泛用于提高财运上。其种类繁多,可以依照个人喜爱选择适应自己的类型。

关于三足蟾的来历有个有趣的传说。仙人刘海在花园的井里发现了一只蟾蜍,它受了伤,掉了一只后腿,因此从井里跳不出来。水井是极阴之物,从而井里之蟾也是极阴的象征。刘海帮助蟾蜍出了井,蟾蜍就给他带来了财富作为报答。蟾蜍口

第五章　风水补救与风水术

> **小贴士 Tips**
> 中国人把"万年"（意思是非常老的）蟾蜍叫做肉蘑菇。蘑菇是极阴之物，另外，古时的新婚洞房叫蟾宫，这两者都显示出蟾蜍属性为阴。

里的钱就是它发现并送给刘海的，所以，人们就认为把三足蟾合理地放在一个不起眼的地方，就会带来财富。

关于三足蟾的摆法，可能很多人会问："到底是把它的头向室内还是向室外放着好？"把三足蟾头向里摆放与传说最为接近。

三足蟾象征着月亮，就像乌鸦象征着太阳一样。据传蟾蜍象征长寿，它每年春天从泥泞的土中爬出来，因此，还意味着复活。古时人们还把蟾蜍说成是嫦娥，因为她偷吃了丈夫的长生不老药之后逃到了月亮上，因而获罪变成了蟾蜍。

关于蟾蜍最有趣的传说是，只要用蟾蜍的腿刮一下地面，泉水就会从被刮的地方流出来。这种说法很诗意地把蟾蜍和水或财富联系在一起。

(3) 麒麟

麒麟身体像鹿，尾巴像牛，偶蹄，有时有五个腿趾，通常是白色的。麒麟与龙、凤、龟一起被称为四大神奇动物。它被当成是带毛的动物之王，而龙则是带鳞的动物之王。

据传，麒麟有催丁之效，兼之角的个数与形状的象征意义，可以确定麒麟是个阳性的动物，一般放在前门口抵御邪气入侵。有些大酒店的服务台旁边摆放有麒麟，头通常冲着大门口。

> **小贴士 Tips**
> 不要根据一些书中的建议在家里设四兽的像。四神指地形，而非用于室内的动物吉祥符，特别是阴性的白虎更不能放于家中。

运用麒麟的好处在于可以把它放在室内，而非像八卦镜一样一定要挂在窗外。

★此乃一对铜制麒麟饰物,左边的口中衔有"十宝",象征如愿以偿;右边的是铜制的迷你麒麟,象征和平安祥。

2.其他吉祥符

正像西方一位心理学家所说的那样，风水符物不仅在深层、身体和心理上起作用，而且已被过去的成百万的实践所证明，它可以对群体的潜意识产生重大的影响。风水符物是否可在地运的层面上影响人的运气尚无定论，但可以肯定的是它可以影响人的人运。

(1)铜钱和铜钱剑

在几乎所有的文化里，硬币都是钱的象征。在中国文化中，很多的方孔古钱更具象征意义。在20世纪60年代，古钱作为《易经》占卜用具被介绍到西方，如今已随处可见。按习惯，应当把古钱用红线或红绸带串起来才能具有力量，且串起来的钱的个数应是阳数，如3、7、9这样的奇数。

传统的钱串的形状是一把剑。过去人们曾把它当作驱逐鬼怪的吉祥物挂在墙上。

★古时，人们把用古钱串成的剑放在病人的床头，认为这样可以驱走病魔。

★中国画家最喜欢画的树是松树，因其历寒冬而不凋零，所以是长寿与坚强的象征，它还象征着坚强的自制力。

(2)守卫和攻击的符物

除了前面所说的风水化煞之物之外，还也有一些更富进攻性的符物。这些符物是用来化解对面的邻居对自己产生的煞气。

剑、斧头、箭或猛兽（特别是狮子和老虎）等被运用在传统风水上，其中，又以口街出鞘之剑的狮子威力最大。安置这样的装备应当在阴日子的阴时进行，如凌晨3～5点。

其他的吉祥符有：庆贺新婚之喜的"喜"字，象征着长寿的桃子和松树，象征生意兴隆、学业有成的锦鲤或金鱼等。

> **小贴士 Tips**
> "鱼"与"余"同音，是双关语。象征学业上考试成功，传统上被比作"鲤鱼跳龙门"，因此，人们流行在考试之前送鲤鱼图。

第五章　风水补救与风水术

实用风水

3.神仙符

神仙一说来自儒、释、道三大主要宗教。因为其中许多神仙的原型是凡人,所以人们对这些神仙的祈祷不是那种对万能的造物主的崇拜,而更像是天主教徒带着特定的目的去祈祷圣徒。

(1)福、禄、寿

福、禄、寿这三尊神像,代表传统的三大幸福:长寿、高官和福气。人们经常叫它们是星神,但实际上它们更像家神,因为它们被供奉于一般的家庭里,而在寺庙里却难觅其身影。

福神(福气即指家庭富裕和子孙满堂)比其余两神个子高一些,供在桌子或神龛里时,常被放在两者中间。

禄神手持象征着权力的笏板。

寿神有着高高的圆顶脑袋。

★福(中)、禄(左)、寿(右)。

第五章　风水补救与风水术

每年春节，人们都会举行一个很有趣的迎财神小仪式，这个仪式就和风水有关。仪式上会用到几桶水，这进一步说明水和财富之间的象征关系。

(2)威猛的财神

与福、禄、寿三神有关联的还有另几尊象征着财富的神仙。它们中最受欢迎的几尊都和武士有关。

最受欢迎的是财神，他的长袍边上绣着一圈铜线（圆形方孔），胸部绣着象征多子的莲花，一手拿着象征长寿的金蘑菇，一手捧着一碗现金钱，常被人们称为财神爷。它和禄神的关系最为密切。财神的原型大约生活在公元前1121年，它的祭日是农历7月20日。

另一个武士财神是关公，他长须飘飘，形象非常威猛，不仅是当铺的财神，还是横财的财神。作为武神，关公是正义的化身。

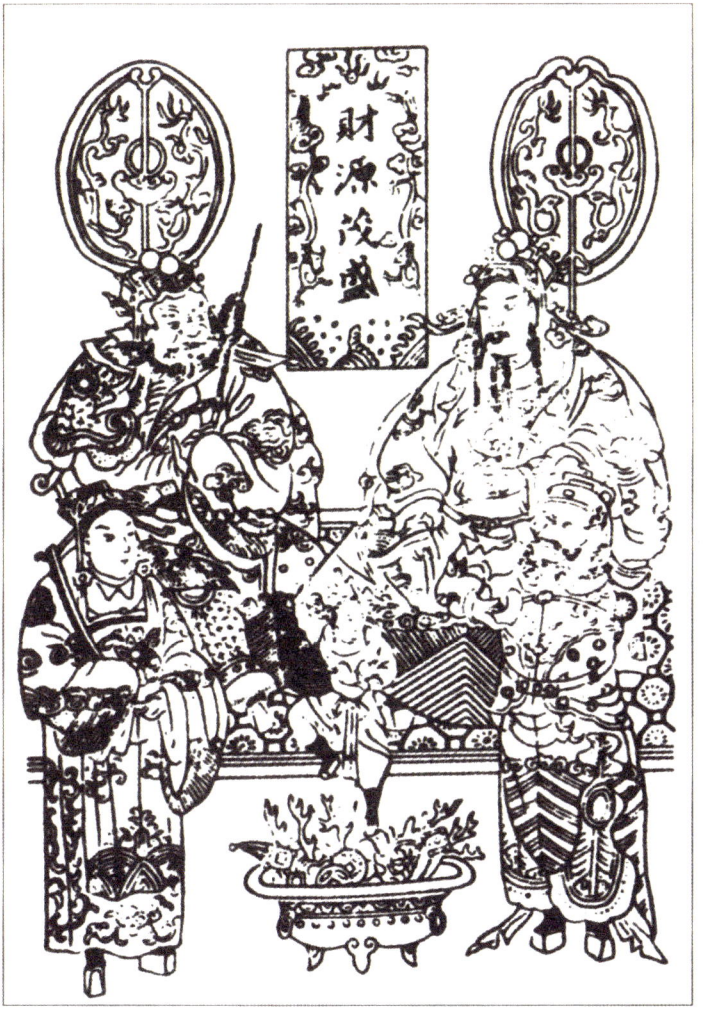

★财神关公有时被描写成两个身体。本图中，文武关公并肩而坐。

实用风水

后世人们所称的关公,生活在公元162～220年。中国有大约1600多座关公国庙,小庙也成千上万,可以说关公是最受欢迎的诸神之一。咸丰帝(公元1851～1862年在位)曾将他与孔子并列。

另一尊财神赵公明形象则更威猛。他骑着黑虎,手持珍珠作为手雷,挥舞着钢鞭,脸常被画成黑色的。作为财神,他手里还拿着金元宝,有时脚边放着聚宝盆。神奇的是,拿出聚宝盆的金元宝后,又会长出新的元宝来,拿得越快,长得就越快。赵公明的形象出现在明朝,传说他是天国的财政部长。

小贴士 如果想在自己的家里或办公室里放置一两尊上述诸神,就要将他们背朝着墙放在高架子或桌子上。 Tips

★这是三国演义中关羽的神像。

第五章　风水补救与风水术

(3)财富的象征

风水的财富符号是诸财神形象的副产品。符号各种各样，现列出部分如下：

◆由钱串成的树枝。

◆金元宝树，元宝摇到地上后还会长出来，这种树叫做摇钱树。

◆神奇的聚宝盆。

◆金银财宝取之不尽的神奇的盒子。

◆装满金元宝和其他财富象征符的轮船。

聚宝盆和其他类似的东西由于形象具有财富的象征意义，所以在风水上得以广泛流传。聚宝盆可溯源至陈万山的故事（陈万山生活在大约公元1400年）。陈万山热爱动物，经常做善事。为酬其善心，神仙送给他一只碗，每当他把一枚铜钱扔进碗里的时候，钱马上就会滚滚而来。

★摇钱树是中国画常见的题材。

4.道符

在此，将要谈到精神领域的东西和道家奇术，这些东西与传统的风水相差甚远，但因为一些风水流派与之相关，在这里还是有必要介绍一下。

道符画在纸上，据称能驱除邪魔。道上画着符号，通常是一种从汉字里演化而来的奇怪的形状，或点线式的画，代表特别的星宿，还加上印签、神仙、皇帝或动物（最常见的是老虎）的头像。

典型的道符是一个纸卷或一张纸条，上面画着掌管四方的四大天王。天王的头在最上方，身子有时被画成漂亮的方块字。

★本图所示的道符半画半字，画的是北方黑天王和白色南天王。

点线图

道符上1～9这些普通的数字也用点和线来画成。事实上，洛书上也是这样来表示这些数字的。这些点线本是用来记载不同的星宿，如犁子座被认为是最神奇的，因为它像南极星的指针，所以经常出现在道符上。

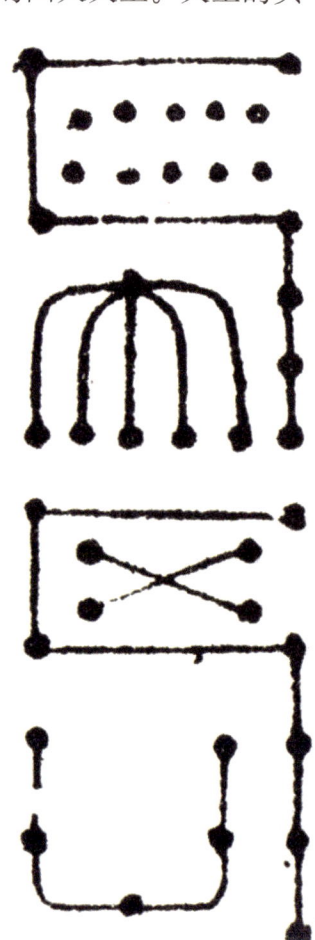

★本图所示的两个点线画成的道符代表特定的星宿，贴在墙上，据传可以带来好运。

第五章　风水补救与风水术

四、东四命和西四命风水术

东四命和西四命风水术是用来测算风水的两种公式的合称。一种用来计算一个人的命卦，另一种用来计算一所房屋或建筑的宅卦。命卦显示一个人做重要事情时最好或最吉利的朝向，房屋卦告诉人们哪些房间最适合或最不宜用做卧室、客厅、厨房和浴室等。

1. 东四命和西四命风水的构成

东四命和西四命风水由两部分构成，即人的命卦和建筑物的宅卦。在开始计算命卦之前，首先要弄明白命卦和宅卦的实质。

⑴命卦

通过命卦可确定：坐下、工作、吃饭、睡觉时的最佳朝向，这样就可知道如何放置家具才最利于自己的个人风水。

通过查看与同伴是否属同一命组而确定与伴侣是否相配。

⑵宅卦

通过宅卦可确定：每个房间的最佳用途，以最利于家中风水，如确定哪间屋子来做主卧室。

通过比较自己的命卦和宅卦，确定自己和住宅的相融性，从而看出一所新房子是否适合自己，或现在的房子对自己有何影响。

第五章　风水补救与风水术

(3)个人的卦数

卦数一词最初指的是一个人的复卦。自己的卦数是自己出生年份的年卦，而年卦又对应着八方之一。

> **小贴士 Tips**
> 过去，卦既指单卦（三爻），也指复卦（六爻），而现在卦数仅用来指单卦。人们习惯用卦数来代指一个人出生年份的年卦，在这里也将继续采纳此用法。

★通过宅卦，可确定每个房间的最佳用途，以最利于家中风水，如确定哪间屋子做客厅。

(4)找出个人的好方向和坏方向

知道自己的卦数对应的方向后，就可计算出自己的四个最佳方向和四个最坏方向。最佳方向叫"生气"。

例如：某女士，生于1971年，那么，她的最佳方向或生气方就是北方，四个最坏方向就是西北、西、西南和东南。有时候，某个特定的方向（不一定是生气）反而对她最为有利。又如，当人生病的时候，宜朝向天医方（字面意思是天上来的医生），因为这个方位的气最利于康复。

2.如何计算命卦

一些计算卦数的简便方法只适用于20世纪出生的人，因此，需要对其改造后才能应用于21世纪出生的人。在这里，将介绍一种两个世纪通用的方法。

特别要留意那些生日在年初以及在2月4号或5号的人，因为情况有点复杂。如果是在阳历新年之前（2月4号或5号）出生的话，就必须把年份减1，因为按农历来算其实应该是属上一年出生的。

计算个人的卦时，在这里建议最好是把每年2月4~5号之间的春分作为阳历年的开始。

(1)计算方法

计算个人卦的方法很简单：看一下自己的生日是否在春分之前（2月4号或5号），如果是，则把年份减1，再把自己出生年份的数字加在一起。

如果结果比9大，则再把各位数字加起来。

如果是男士，结果减11；如果是女士，结果加4。

如果结果还比9大，再把各位数字加起来。

如果结果是5，男士的卦数就是2，女士的卦数就是8。否则，第5步的数字就是自己的卦数。

男士的卦数

某男，生于1962年1月5日，他的卦数是这样计算的：

①查一下他的生日是否在立春之前，如果是，就把年份减1。因为1月5日在立春之前，所以他应算作1961年出生的。

②接下来，把他出生年份的四个数字相加，即1+9+6+1=17。

③结果比9大，再把各位数相加，即1+7=8。

④用11减去上一步相加的结果（仅适用于男士），即11-8=3。

⑤如果减得的结果大于9，就再把各位数加起来。因为3小于9，所以无需进行这一步。

⑥如果最后的结果是5，卦数应计为2。就某男而言，最后的数字不是5，所以他的卦数就是3。

★个人的卦数显示个人工作时应朝向的最佳方位，这样就能最大限度地利用迎面而来的气能。

女士的卦数

某女，生于1985年6月6日，她的卦数是这样计算的：

①看她的生日是否在立春之前，如果是，年份就要减1。因为某女的年份不是在立春之前，所以不用减。

②接下来，把她出生年份的四个数字相加，即1+9+8+5=23。

③结果比9大，再把各数相加，即2+3=5。

④把上一步得出的结果再加上4（仅适用于女士），即5+4=9。

⑤如果结果大于9，再把各位数加起来。某女的最后结果是9，所以无需进行这一步。

⑥如果最后结果是5，卦数应算作8。对某女来说，最后结果不是5，因此，她的卦数是9。

男女计算方法不同是因为阴（女）阳（男）二气的流动方向相反。

那么，卦数是干什么用的呢？一个人的卦数决定两样东西：一是最佳朝向（如进行吃饭、睡觉、工作和学习等重要活动时应面向的方位）。如果自己的朝向正确，从那个方位来的气能就会帮助自己得到最佳的结果。

二是通过发现伴侣的卦数是否属于同类，从而确定自己与伴侣的相融性。

3.个人的最佳和最坏方位

每个方位都有一个生动的名字，为完整起见，在此将其收录进来。当听到某个特定的方位是五鬼或六煞时，就把它当作是一个对面向某一方位或睡在家中那个方位的结果的戏剧性夸张的说明。

在计算出自己的卦数后，就可以对照下表来查出自己的最佳和最坏方位。注意，这些方位是被任意标上从A到E字母的。因为字母都是任意标上去的，所以，在这里也把方位从最好的A按顺序排到最坏的H。

知道了自己的最佳方位之后，该如何去加以利用呢？

第五章　风水补救与风水术

★坐在自己的最佳方位工作，使人精神更加充沛。

实用风水

字母顺序及方位名称		卦数								
		1	2	3	4	5（男）	5（女）	6	7	8	9
四最佳方位											
A 生气	成功、发达	东南	东北	南	北	东北	西南	西	西北	西南	东
C 延年	长寿、和睦	南	西北	东南	东	西北	西	西南	东北	西	北
B 天医	健康、安逸	东	西	北	南	西	西北	东北	西南	西北	东南
D 伏位	平安、顺利	北	西南	东	东南	西南	东北	西北	西	东北	南
四最坏方位											
E 祸害	受伤、坏运气	西	东	西南	西北	东	南	东北	北	南	东北
G 五鬼	伤害	东北	东南	西北	西南	东南	北	东	南	北	西
F 六煞	遇到挫折	西北	南	东北	西	南	东	北	东南	东	西南
H 绝命	最坏	西南	北	西	东北	北	东南	南	东	东南	西北

第五章　风水补救与风水术

(1)运用最佳方位

从风水角度看，一家之主应面向他的生气方位或最佳方位。卦数显示自己的最佳方向，不管是坐在办公室边、椅子上、床上或其他任何自己坐下或睡眠较长时间的地方。这不仅对如何摆放家具有好处，而且会使自己在重要商业谈判时占据有利地位。

★利用卦数来算出在参加会议时的最佳坐位，可能让自己占据上风。

(2)选择就坐方位

如果自己的卦数是1，生气方位就是东南（参看前面的表格）。如果是个圆桌会议，并可以选择椅子的话，应尽量选择朝东南方向的椅子，这样就可让人在心理上占优势。但要注意，屋子的布局比选择最佳方位更重要。

不宜背朝着门窗坐，因为这象征背后没有依靠，即使便是朝向东南的椅子也要避免。此种情况可依次从朝向东、南和北方的椅子里挑选一个作为自己的次最佳方位。另一方面，应尽量避免经常长时间地朝向一个最坏方位做任何重要的事情。

(3)两种相反的观点

关于最佳方位有两种说法：一种说应当面向自己的最佳方向坐，一种说应当背着最佳方位坐，让它从背后支持自己。但两种说法都认为睡觉时应当使头向着一个最佳方位。下面依次来看一下四个最佳方位：

生气：这个方向可以产生能量和新的气，吃饭、工作和学习的时候可以面对这个方向。

天医：如果病了或想改善健康或恢复身体，吃饭和睡觉的时候就可朝向这个方位。

延年：如果想恋爱或结婚，睡觉时，头就可朝着此方位。

伏位：想有个好的睡眠，就要把头朝向这个方位，但不宜向着生气位。

4.东四命和西四命人如何确定

看过前面的表格之后，就会发现尽管顺序可能有变化，但最佳方位要么是东南、东、南、北，要么就是东北、西、西北、西南。

从中可以看出，人可分为两大类：

西四命人的卦数的最佳方位是东北、西、西北、西南，也就是说，西再加上三维向。

东四命人的卦数的最佳方位是东南、东、南、北，也就是说，东南再加上三正向。

卦数1、3、4和9的是东四命人，而卦数为2、5、6和7的是西四命人。

和一个人生活在一起，也许会发现如果两人同为东四命或西四命时关系会更和谐，因为这时两人的最佳方向和最坏方向是一致的。但如果伴侣的方向与自己的完全相反呢？如果是选择书房里的坐向，就可以选择坐在不同的方向；如果是选择在餐桌上的坐向则无大碍，可选择自己的最佳方位。

唯一的冲突是如何确定睡觉的方向。如果两人同属一命组，问题便不难解决：只要确定了其中一个（通常是家里的顶梁柱）朝向他的生气位睡下，另一人顺着这个方位睡即可。

★如果两人同属一命组，在卧室里就不会有方向冲突。

5.东四命和西四命宅如何确定

同人一样，房子也可以计算卦数，也分成东四命和西四命两组，这便称为宅卦。很明显，东四命人适宜住东四命宅，西四命人适宜住西四命宅。

那么，怎样计算房子的宅卦呢？只要看看房子的坐向即可。什么是房子的坐向？房子又如何坐法？

首先，确定房子的朝向。很多时候房子前门所在的一侧就是正面，但有时朝着屋子的一侧也可能是房子的正面。

现在就可知道房子的坐向就是与它正面相反的方向。

一所朝西临街的房子的坐向是不是应该朝东呢？不错。如果房子朝西，坐向必朝东。如果房子朝向东南，那么，坐向必朝西北。依此类推。

知道了房子的坐向后，就可以确定房子的类型了。

(1)房子命组和卦

坐向	朝向	卦	五行属性	命组
南	北	离	火	东
西南	东北	坤	土	西
西	东	兑	金	西
西北	东南	乾	金	西
北	南	坎	水	东
东北	西南	艮	土	西
东	西	震	木	东
东南	西北	巽	木	东

了解了房子命组和卦之后，就会知道西四命房子的坐向是西、西北、西南、东北，五行属金或土，而东四命房子的坐向则是南、北、东、东南，五行属水、木或火。

第五章　风水补救与风水术

★尽管房子的后门通常与坐向一致,但也有例外情况。

★这所朝南的房子适于东四命人。如果自己的伴侣属于西四命人,则可以使用后门作为主要出入口。

第五章 风水补救与风水术

(2)选择适合自己的房子

从前面已经知道了命卦、东四命、西四命和宅卦，接下来就可知道自己是否与房子相合。通过分析上述内容，就大致可以知道房子适不适合自己。

例如：某人的卦数为7，属西四命，因此，他就应当尽量住在一所西命的房子里，如坤、兑、乾和艮位的房子。最适合他的是坐向西北的乾位房子，因为西北是他的生气方位。

如果因发现与房子不合而搬家，也许有点走极端，不妨考虑换个门作为出入口，如利用后门作为正门。

本章小结：八宅法也许是最简单、实用又流传最广的风水术，用它可以解决很多问题。利用五行最传统的风水补救法，可以直接补强一个行。象征符号在风水里几乎被视为形学风水和理气风水之后的第三大风水门派。根据生日和性别的不同，每个人都有自己的卦数，每个卦数都与四个最佳方位和四个最坏的方位相对应。人可分两种类型，即西四命人和东四命人。根据房子的坐向，房子也有宅卦。

一、时间和日历
二、天干和地支
三、关于罗盘

第六章　理学派风水

看风水还应考虑时间因素。每个人都有过这样的经历，有时诸事顺利，有时举步维艰。风水计时使人能够在恰当的时间做最为有利的事。首先，要掌握日历和天干、地支等，因为风水不仅计算时间，也计算空间。

事实上，也没有别的东西可以像风水一样把时间和空间的计算如此完整地统一起来。到目前为止，本书所讲的东西都表现在罗盘上。在这里，将只关注罗盘上的最基本的一个圈的做法。

一、时间和日历

在正确地利用时间来最大限度地改善命运之前，先得看一下时间。中国有着悠久的观测天象的历史。正如大家所知，从某种意义上来说中国的日历比西历要复杂，如简单的十二属相等。中国以3600年为时间单位。运气随时间而改变，风水同样也有时间性。今天对某人来说是幸运的东西，也许20年后就不会这样了。为了了解风水的时间性，就需要理解计算时间的方法。

1. 计量时间的方法

日期和时间的计算方法总是与天体的运动联系在一起，但这些天体的运动规律并不像数学计算那样简单。在所有的日历中，天是根据日升和日落来计算的。天（分成24小时和12个时辰）是最明显的时间单位。大部分日历还同时使用地球围太阳公转一周的时间（365.242199天）作为第二个时间单位。一些日历利用两次新月出现的间隔时间（29.53059天）作为下一个时间单位，但是这些时间单位往往并不总是平分的。

(1) 阳历

在北美、欧洲和其他许多国家，只有一种日历，即阳历，它与地球绕太阳的转动密切联系。事实上，它是由凯撒（公元前46年）制定，后经格列高利教皇（1582年）修改而成。阳历存在的一个问题就是地球公转一周的天数不是整数，也就是说一年没有准确的天数。

小贴士 Tips

在西方，在凯撒大帝和格列高利教皇创立的日历中，人们习惯了阳历每个闰年要另加一年。被4整除的年即是闰年，但如果年份被100整除而不能被400整除的话，它就不是闰年。因此，2000年是闰年，而1800和1900年则不是。

其他日历使用另一个发光的天体——月亮来计算时间。这些日历称为阴历，这时同样的问题出来了：月亮转一周（29.53059天）也不是整天数，一年里的月周期（12.36826月）也不是整数。

然而，西方的阳历有时也需参看阴历的日子来确定某些宗教节日。每年复活节在阳历上不是固定的日子，它需根据月亮转动的情况来确定。

> **小贴士 Tips**
> 由于闰月的关系，中国阴历太过复杂，即使是皇帝御用的天文学家也在1669～1813年间出现整月的计算错误，后来不得不加以更正。

(2)阴历

中国有个农历，即阴历，如果用一年的天数（365.242199）除以月圆缺的周期（29.53059）天，就可得到一年有12.36826个月圆缺周期。这不是一个整数。人们对此的解决方案是：每年算作12个月，每月29或30天，然后，每19年里有7年是13个月。

农历一年的开始落到阳历的1月中旬至2月中旬的某天。例如：2001年的春节是阳历1月24日，而2002年的春节却是2月12日。

★尽管中国农历是根据月转周期而编制的，但它非常复杂并且非常精确。

第六章 理学派风水

★庆贺春节是华人社会的最重要的节日活动。每年的春节并不固定，它是根据农历确定的。

(3)时间的开始

传统上,中国从公元前2637年黄帝创甲子纪年法开始,就以60年为一周期纪年。具体是这样的:

1纪元=60循

1循=5小循

1小循=12年

1纪元=3 600年

这个规划很长远,因此,自中国农历纪年起始后的4 637年算起,人们正处于第78个循环。

(4)生肖

年份	春节	生肖	年份	春节	生肖
2000	2月5日	龙	2009	1月26日	牛
2001	1月24日	蛇	2010	2月14日	虎
2002	2月12日	马	2011	2月3日	兔
2003	2月1日	羊	2012	1月23日	龙
2004	1月22日	猴	2013	2月10日	蛇
2005	2月9日	鸡	2014	1月31日	马
2006	1月29日	狗	2015	2月19日	羊
2007	2月18日	猪	2016	2月8日	猴
2008	2月7日	鼠			

要想知道生肖,就把自己的出生年份加"12",一直往上加,直至加到上面其中的一年为止,对应的就是自己的生肖。但如果是在农历春节前出生的,则要把自己的出生年份减去1之后再开始加。

(5) 节气

节日和人的生日都是根据农历确定的。尽管中国节日和流行的占星术都是根据农历而定,但在风水和农业上必须使用太阳历。因此,为计量对风水至关重要的节气时就需要使用阳历。

> **小贴士 Tips**
>
> 在中国封建社会,官员的工资是按农历月发放的。大家可以想象为什么有些人喜欢闰年,因为他们可以得到13个月的工资,就像立即长了8.5%的工资一样,闰年决不仅意味着工作时间的延长。

(6) 中国太阳历

中国太阳历被称为夏历,它确定农时,因为太阳对确定季节来说最重要。

夏历新年始于立春。巧合的是,夏历新年总是西历每年的2月4日或5日。

★夏历比农历更符合逻辑和实用,它根据太阳和季节的关系而创建。

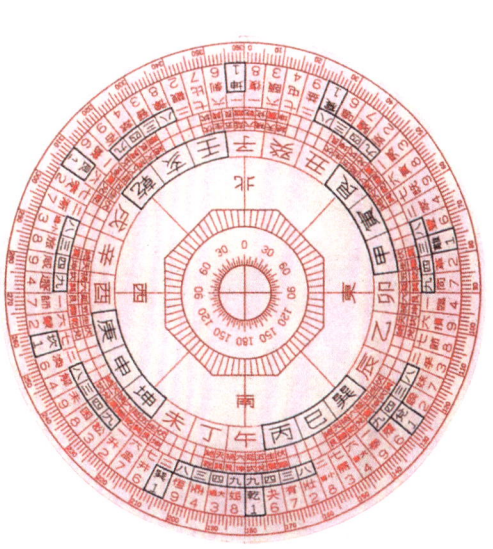

实用风水

(7) 阳历和阴阳

尽管太阳历不变化，但在某些情况下一年的能量开始产生应从冬至算起，也就是说从阳历年的上一年12月20、21或22日开始算。

这种算法的理论根据是阴阳理论。阳应当从阴的深处开始孕育。

2. 二十四节气

> **小贴士 Tips**
> 既然每年都有两天可能成为夏历新年，那么怎么每年都是落在同一天呢？从1981~2000年间，立春一般都是2月4日或5日。事实上，如果按星球运动进行客观计算，立春这一天根本不会变化。

季节是阳历最基本的东西，因为太阳决定着季节的变化。对城市居民来说，一年分四季就足够了，但对普通的农民来说，四季太过简单，因为农民要知道最后一次霜降的时间以及何时播种作物。于是，太阳历就把一年划分为二十四个节气。

风水罗盘上有一圈也划分为二十四格。这些划分不仅对农民来说非常重要，而且对测量到达某特定地点的自然力量也很重要。

> **小贴士 Tips**
> 春秋分分别在大约3月21日和9月21日，有时会或早或晚一两天，此时地球上任一地点的昼夜都是等长的。夏冬至在春秋分的正中间，分别在大约12月21日和6月21日，有时也会或早或晚一两天，分别是白天最长和最短的日子。如果位于南半球，情况则正好相反。

第六章 理学派风水

二十四节气还必须和每个季节开始的重要日子以及春秋分、夏冬至相对应。阳历的错误之一是把春秋分、夏冬至当成是季节的开始，而事实上，它们都标志着季节的中间，这关键要看五行和行星的对应关系。这些将在下面的图表中可以看到。

有些人可能会注意到五行里只用到了四行。很多种方案试图把五行全部包括进去，但事实上土总是位于中央，它并不是年循环的一部分。表格表明夏历中一切都很妥当，都需要用它来决定季节的五行属性及节气的确切日期。二十四节显示气从春天到深冬由阳到阴的变化。

2006（丙戌）年二十四节气表

序号	节气	当值行星	五行属性	季节开始	季中	日期	季中日期
1	立春	木星	木	春	春分	2月4日	3月21日
2	雨水					2月19日	
3	惊蛰					3月6日	
4	春分					3月21日	
5	清明					4月5日	
6	谷雨					4月20日	
7	立夏	火星	火	夏	夏至	5月5日	6月21日
8	小满					5月21日	
9	芒种					6月6日	
10	夏至					6月21日	
11	小暑					7月7日	
12	大暑					7月23日	

序号	节气	当值行星	五行属性	季节开始	季中	日期	季中日期
13	立秋	金星	金	秋	秋分	8月7日	9月23日
14	处暑					8月23日	
15	白露					9月8日	
16	秋分					9月23日	
17	寒露					10月8日	
18	霜降					10月23日	
19	立冬	木星	水	冬	冬至	11月7日	12月22日
20	小雪					11月22日	
21	大雪					12月7日	
22	冬至					12月22日	
23	小寒					1月5日	
24	大寒					1月20日	

3.吉凶日

也许大家都有过这样的体验：有时候一天之内诸事顺利，如阳光照耀，街上的行人都冲着自己微笑，老板通情达理、没有过不去的坎；有时候一天里没有一件顺心事，如起床晚了，刮胡子时把脸刮破了，信箱里除了账单没别的，错过了公共汽车，老板在挑毛捡刺，自己的男（女）朋友还在为自己上周做过的事生气……总之，这一天倒霉透顶。

能有什么办法可以预先知道这样的日子什么时候到来呢？

第六章 理学派风水

★在倒霉的日子,一切都不顺心,甚至上班的途中也让人不开心(如赶不上公共汽车)。

Shiyong Fengshui

(1)运用皇历

古时,人们做事情之前习惯翻看皇历。皇历中有两张关于吉凶的表格,第一张表格里把人们出生年份的地支与特定日子的干支进行比较,给出在这一天吉凶的合理解释。

皇历中的第二个表格适用于所有人,它指示出做某些事情的最好日子。人们凭直觉知道结婚的日子有好有坏,如签合同、理发等都有个吉凶日,按这些吉凶日办事会提高成功率。

(2)把握正确的时机

第二个表格不是根据生日,而是根据每天和当月的地支相结合来判定吉凶日,其结果会反映出人在这一天适于从事的事情,这些事情可大至结婚,小至在花园里挖个池子等。在了解了这些后,就没有人会选择在一个不利的日子结婚。老皇历甚至还有这样的日子,即"饮酒作乐,诸事不宜"。此时,人们会不由自主地想起有些日子本应呆在床上什么事也不做,但这些通常是过后才知道。

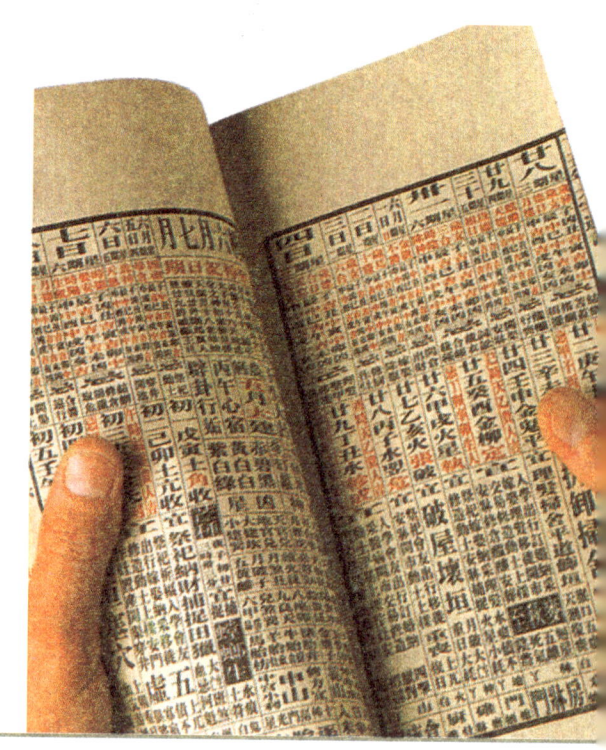

★在决定做一件事之前,为什么不查查皇历以增加成功的机会呢?

(3)增加运气

只要合理运用风水知识,就可以增加自身的运气和机会。尽管这些可以自行计算,但由于算法较多,所以过程比较烦琐,如果直接查看皇历就会容易得多。

二、天干和地支

知道历年之后，再来看看循环纪年法。这是用植物来比喻的，天由十个天干计算，地由十二地支计算，天干地支的60种组合就构成了计量时空的基础。一小循就是木星围太阳公转一周的周期时间（12年）。干支纪年是四柱预测术的基础。

1. 十天干

十天干只不过是五行乘以2。为什么呢？因为每个事物非阴即阳，五行也不例外，因此，天干共有5×2=10。

天干由来已久，除了和银河系的星星有间接的联系外，它们的名字对现代人来说已无多大关系。根据对应的卦的阴阳平衡天干也有吉利或不吉利之说。

天干

数字	名称	五行	阴/阳	吉利/不吉
1	甲	木	阳	不吉
2	乙	木	阴	不吉
3	丙	火	阳	吉
4	丁	火	阴	吉
5	戊	土	阳	—
6	己	土	阴	—
7	庚	金	阳	吉
8	辛	金	阴	吉
9	壬	水	阳	不吉
10	癸	水	阴	不吉

注意阴阳转变时，每个行出现两次。五行是按相生循环顺序排列的。

2. 十二地支

地支用来代表很多事物，但最常用的是12个阳历月份。仲冬是每年最寒冷和最阴的时候，这时开始建子。相应地，到立春时（2月4日或5日）已是第三个地支了。

阳历年从第三个地支（阴）开始，这看上去似乎不太符号逻辑，但需要提醒的是，阳历年的第一个月是第三个地支。这点很重要，因为在计算四柱时，月支是四柱的八个部分之一。

风水使用的是太阳历，这使用起来比较简单。如果想查看，只要看一下前面的表格就会马上知道每个月的地支。

地支也和季节（4季×3个月/季=12个月）以及每天的12时辰对应，因为一天有12个时辰，每个时辰120分钟。在这里，最重要的是十二地支在罗盘方向上的分布。标出四个正方的主要地支，就可以看到地支时间和年与罗盘上的方向连在一起。

细心的人会发现并非罗盘上所有的度数都被地支涵盖在内。这些在后面将会看到，被"丢掉"的度数被一些天干和卦所包括。

分开看，天干和地支并无多大的意义，但把两者结合起来用处就很多。两者的结合称为干支。

> **小贴士 Tips**
> 注意地支的"阴"与阴阳的"阴"不同。

> **小贴士 Tips**
> 地支的顺序通常用罗马字母"Ⅰ～Ⅻ"表示，以避免和地支顺序号"1～10"相混淆。

地支

地支		方向	年		季节	月	时
序号	名称	罗盘刻度	生肖	对应年份		夏历	
I	子	352.2–7.5 (N)	鼠	1996、2008	仲冬	11	11pm–1am
II	丑	22.5–37.5	牛	1997、2009	季冬	12	1am–3am
III	寅	52.5–67.5	虎	1998、2010	孟春	1	3am–5am
IV	卯	82.5–97.5 (E)	兔	1999、2011	仲春	2	5am–7am
V	辰	112.5–127.5	龙	2000、2012	季春	3	7am–9am
VI	巳	142.5–157.5	蛇	1989、2001	孟夏	4	9am–11am
VII	午	172.5–187.5 (S)	马	1990、2002	仲夏	5	11am–1pm
VIII	未	202.5–217.5	羊	1991、2003	季夏	6	1pm–3pm
IX	申	232.5–247.5	猴	1992、2004	孟秋	7	3pm–5pm
X	酉	262.5–277.5 (W)	鸡	1993、2005	仲秋	8	5pm–7pm
XI	戌	292.5–307.5	狗	1994、2006	季秋	9	7pm–9pm
XII	亥	322.5–337.5	猪	1995、2007	孟冬	10	9pm–11pm

十二地支把方向和不同的时间单位结合在一起，例如：子代表鼠、北方、仲冬和深夜。

3.六十花甲

父母辈和祖父母习惯于用"12"来数东西。他们常说"12个东西比10个东西容易包装"，如一个装有3排，每排4个球的盒子比装10个球更接近于正方体。另外，一天有12个时辰，一年有12个月，等等。

第六章　理学派风水

　　以10计数或十进位的出现，相比而言要晚得多。这两种计数方法截然不同，如果把它们结合在一起，两者的最小公倍数是60。

　　"60"是我们文化中的另外一个重要部分，如1分有60秒，1小时有60分。也许这个既不方便又不是十进位的数字背后有什么奇妙的解释？把这个问题暂且搁在脑子里，继续往下看吧。

★数字"60"是人们计量时间方法的核心。

⑴ 天干和地支相配

十天干和十二地支有60种搭配。有人可能会问：为什么不是120种呢？原因是：十天干其实是由一阴一阳两个五行构成，当和地支结合时，只能是阴天干与阴地支、阳天干与阳地支结合，所以就是5×12=60种。

占星术中把这60种结合称为"六十花甲"。

⑵ 六十天干地支图

	天干 地支		阴	阳 五行	1 甲 阳 木	2 乙 阴 木	3 丙 阳 火	4 丁 阴 火	5 戊 阳 土	6 己 阴 土	7 庚 阳 金
Ⅰ	子	鼠	阳	水	1		13		25		37
Ⅱ	丑	牛	阴	土		2		14		26	
Ⅲ	寅	虎	阳	木	51		3		15		27
Ⅳ	卯	兔	阴	木		52		4		16	
Ⅴ	辰	龙	阳	土	41		52		5		17
Ⅵ	巳	蛇	阴	火		42		54		6	
Ⅶ	午	马	阳	火	31		43		55		7
Ⅷ	未	羊	阴	土		32		44		56	
Ⅸ	申	猴	阳	金	21		33		45		57
Ⅹ	酉	鸡	阴	金		22		34		46	
Ⅺ	戌	狗	阳	土	11		23		35		47
Ⅻ	亥	猪	阴	水		12		24		36	

选择一个天干和一个地支，它们的交叉点就在六十花甲的数字中。现在大家可以清楚地看到为什么只有60种而没有120种组合。其中一半组合是空的，因为它

第六章 理学派风水

> **小贴士 Tips**
>
> 有没有丙丑这个干支呢？表格中对应的这一格是空白。这是因为丙是阳的，而丑是阴的，因此，绝对不存在这个组合。只有阴阳属性相同的天干和地支才相配。

们阴阳相反。只有阴天干和阴地支、阳天干和阳地支才能结合。

然而这仅意味着60对天干和地支的组合。六十花甲有时也被称为二项式的，字面意思是"两个数字"。

六十花甲的第一个干支组合是甲子（也就是说第一个天干配第一个地支）。选择天干和地支后，在表格中从右往左念。例如：从甲所在的列中往下找，顺子所在的行往右看，就会看到干支组合甲子的在六十花甲中的序号是"1"。它是一个由第一天干和第一地支组合成的阳干支。

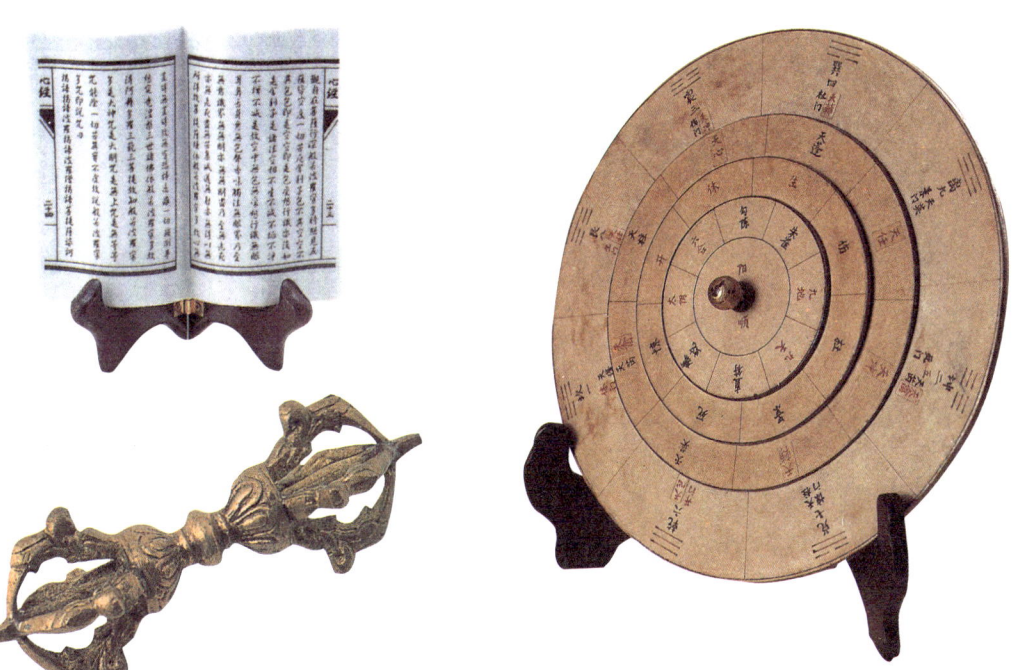

现在来看看表格中其他的信息，比如：第五十三个干支丙辰，它有什么特性呢？这是个阳火（丙）龙（辰）。另一个甲申，它的特性是阳木猴。

(3)六十甲子循环

前面看到大的循环有60年。这是为什么呢？因为年份是由干支来标识的，因此，大家可以看到每个年份都有一个干支。

干支是用来纪年的，所以，六十花甲的第一个干支甲子对应着1984年，即阳木鼠年。甲子是每个60年一循环的开始，这也就是为什么1984年是个重要的循环转换年。在1984+60年=2044年的时候，将进行下一个循环。

> **小贴士 Tips**
> 除以60为一循环纪年外，还有一个大的循环，即每循180年。目前的大循环始于1864年，它分为三个六十花甲，其第三个花甲从1984年开始。

第六章 理学派风水

六十花甲还被用来纪月、纪日、纪时,因此,可看到每个时间单位都有一个阴阳属性、五行属性和地支(动物标志)与之相配。通过查干支,可以说出任一个时间或日期的特性,这对下面几个因素有着重要的意义。

◆ 建筑(何时所建?)

◆ 人(生于何时?)

◆ 风水(现在运行的是什么气?何时会发生改变?)

人出生和建筑物建成的时间的特性印在人或建筑物上面,并将影响其一生。简单举例来说,查看一个人和一栋建筑的干支组合,可以帮助预测是否适合此人居住。

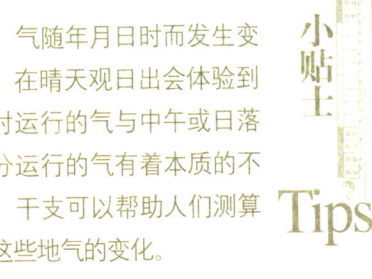

小贴士 Tips：气随年月日时而发生变化。在晴天观日出会体验到这时运行的气与中午或日落时分运行的气有着本质的不同。干支可以帮助人们测算出这些地气的变化。

★可以把气想象为潮水无时无刻不在变化。特定时间的气的流动可以用天干和地支测算出来。

(4)干支组合和性格

干支组合决定了特定年月日时流动的气的类型。在特定时刻出生的人会在第一时间吸入这一特定时刻的气,这将决定着他的性格以及一生的大体命运。这是四柱预测术的基础。四柱预测术认为,人的命运可以通过解读一个人出生时的年月日时的干支组合进行预测。

这些气流对人们有着非常大的影响,通过对出生日间的分析,可以知道关于一个人的重要信息。高奎林的成功不是偶然的,他通过对行星进行详尽的研究,发现在体育冠军、士兵和外科医生出生时火星都会出现。

同样的研究结果也出现在1971年英国的一项调查中,调查显示电工最可能出生在一年中的金季,而农民则更可能出生在象征着植物生长的木季。因此,说一个人的职业和命运是由出生时的星象来决定不是毫无根据的。

最后,干支组合在风水罗盘上占据很多圈,它是风水不可或缺的一部分。

> **小贴士 Tips**
>
> 认为出生时刻决定人一生命运的观点同样也存在于西方占星术中。法国占星术学家米歇尔·高奎林(1928～1991年)通过科学研究,用数字无可辩驳地证明在一年中特定时间出生的人比其他时间出生的人从事某个特定职业的可能性要大得多。

第六章　理学派风水

★根据四柱预测术，一个人的性格和命运也许早在他出生的那一刻就已注定。

4.四柱

四柱就是人出生时年月日的干支。

(1)四柱预测术

仔细看看四柱，就会发现每年、每月、每日、每时都对应着两个字，它们通常放在一起构成四柱：一年柱、一月柱、一日柱、一时柱。这种占星术的名字叫八字（八个汉字）或四柱，每柱都是由一个天干和一个地支组合。生肖不过是这八个部分中的一个，它指的其实就是年柱的地支。

每个天干和地支都有五行和阴阳属性。人们就是利用五行的平衡关系来判断一个人的基本性格，其中更复杂的信息可描绘出一个人一生的命运或天运。

(2)平衡问题

一个人诞生时的星位共有八个字，每个字都有五行属性。这些五行之间的平衡说明一个人八字中的五行是否平衡，如某人八字中有三个火、两个木、一个土、两个金，很明显，这个人的火行太多，且得两木相助，火势更旺，但是其中没有能克制火的水。

从风水角度来讲，在装饰住房和办公室时，应当注意增加环境中水的因素，如：用深蓝色和黑色调搭配使五行平衡。

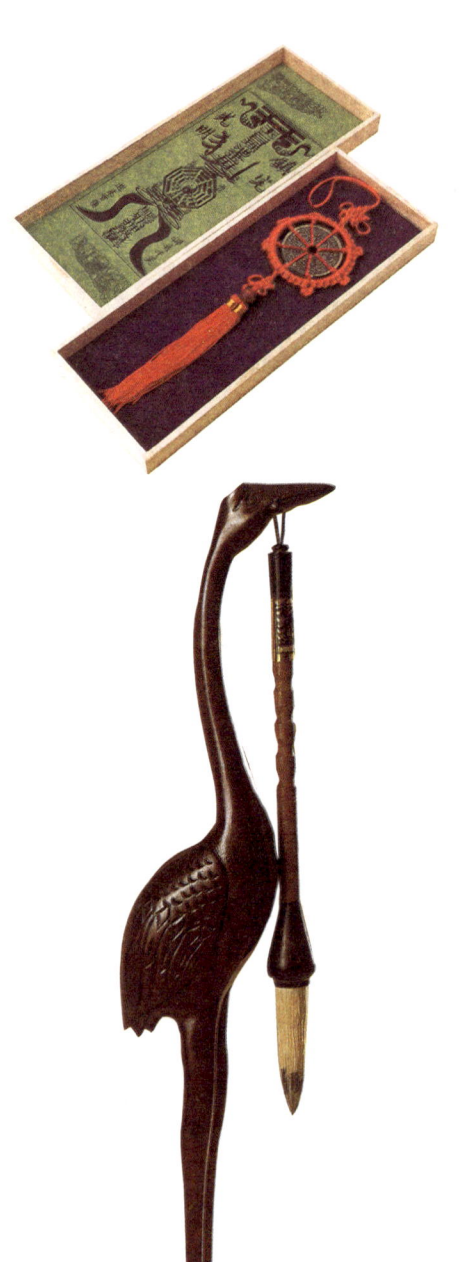

第六章 理学派风水

三、关于罗盘

现在可以将前面所看到的内容都归为一体。在这里，将大略看一下风水罗盘这个精密仪器的历史和它是如何做成的。罗盘共有29个不同的圈，这里将着重分析带有二十四方位的那一圈里符号。只要看这一圈，就可知道如何通过前门口的罗盘读数来利用罗盘。

1.什么是罗盘

中国罗盘比航海指南针要复杂得多，前者是后者的前身，这从过去普通的水手在远航时对着罗盘大声说出的祈祷词中可以看出。除祈祷神灵和圣人外，水手们还祈祷一些早期的风水大师的保佑，这说明指南针本来是风水上的仪器，后来才被航海家们继承并用于航海的。

中国第一个指南针可上溯到公元前4世纪，比1190年欧洲指南针用于航海早了约1 500年，而中国将指南针用于航海，也是到公元850年才开始。在此之前，指南针主要用于陆上交通和看风水。

(1)罗盘实物

北宋时期，王乾建造了现代形状的罗盘，上有17圈，至少1圈上有二十四方或二十四山。

当时，罗盘有两大部分，一个方形

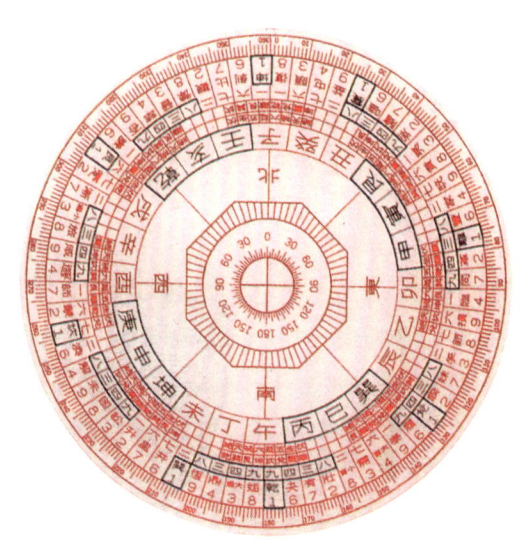

木座，里面放有一个木盘，直径约15~20厘米。这个盘子叫天盘，可在方形的地盘里自由转动，地盘的对边之间有两根用来定位的红线，形状像步枪上的准星，在中央有个玻璃顶的海底，里面是个被磁化的悬浮的指针，指针指向南北，但人们总是认为针指向南方。

第六章 理学派风水

★中国指南针早在公元前4世纪就出现了,起先用于风水和陆上交通,到了公元850年被驾驶舢板船的水手们使用。

实用风水

现在的罗盘上刻有或印有39个独立的圈，每个圈被划分成8～365等份，每份用黑色或红色的汉字作标记。

第六章　理学派风水

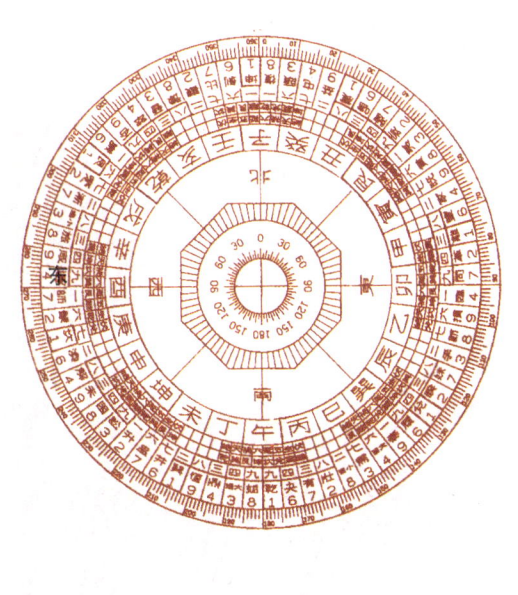

(2) 罗盘上各因素如何结合在一起

中国罗盘从某种意义上来说是圆形的洛书。前面也曾讲到洛书和八个方位的对应关系。罗盘上的八个方位各分为三个分区，共形成二十四个方位。

2. 二十四或二十四山

在这里，大家所看到的也许是罗盘上最重要的一个圈，这个圈有24个部分，通常称之为二十四方或二十四山。事实上，这个圈非常重要，它在三河罗盘（三河罗盘是3种最主要的罗盘中的一种）上出现不下3次。

(1) 了解圈上的内容

很容易让人糊涂的是，这个圈上有三种不同的符号：八卦、天干和地支。那八卦、十天干和十二地支是如何构成二十四山的呢？

首先，西南、西北、东北和东南四维分由八卦中的四卦来代表。这四卦是：坤、乾、艮和巽。

下一步来排地支。先在每个正向上放一个地支，然后隔一格放一个，直至12个全部放进去。罗盘是测量地气用的，因此，可以想象十二地支应该全部用进来。

最后，再把十天干中的8个放进剩下的空格里。这样就得到前面所说的二十四山图。

小贴士 Tips

二十四山，每山占15度。为什么呢？因为整个圆是360度，1/24就是15度。

(2)了解二十四山

方向	度数	干、支、卦	盘上文字
南1	157.5–172.5	天干	丙
南2	172.5–187.5	地支	午
南3	187.5–202.5	天干	丁
西南1	202.5–217.5	地支	未
西南2	217.5–232.5	卦	坤
西南3	232.5–247.5	地支	申
西1	247.5–262.5	天干	庚
西2	262.5–277.5	地支	酉
西3	277.5–292.5	天干	辛
西北1	292.5–307.5	地支	戌
西北2	307.5–322.5	卦	乾
西北3	322.5–337.5	地支	亥
北1	337.5–352.5	天干	壬
北2	352.5–7.5	地支	子
北3	7.5–22.5	天干	癸
东北1	22.5–37.5	地支	丑
东北2	37.5–52.5	卦	艮
东北3	52.5–67.5	地支	寅

方向	度数	干、支、卦	盘上文字
东1	67.5–82.5	天干	甲
东2	82.5–97.5	地支	卯
东3	97.5–112.5	天干	乙
东南1	112.5–127.5	地支	辰
东南2	127.5–142.5	卦	巽
东南3	142.5–157.5	地支	巳

3. 如何使用罗盘

该怎样测出住宅前门的朝向呢？首先，站在门外，两只手平端着罗盘，把罗盘的一条边稳固地靠在门上，用大拇指慢慢转动天盘，直到指针与盘底的直线重叠，且要确保指针头部位于盘底的两个点之间。

(1) 罗盘放平

检查一下罗盘是否端平，接下来看着天心十字线，其中一根是从门里往门外的方向指，它与标有二十四山的内圈上离门最远的山的交叉点即是房屋的朝向。找到罗盘上这一点的文字时，就完成了理气风水的第一次实地测量。

再来看一下天心十字线离门最近的部位，它与内圈的交叉点即是房屋的坐向。坐向总是与朝向相反。

(2) 注意事项

在读盘的时候有两点要注意：一是磁针所受的磁干扰，通常表现为磁针前后摆动多次最后才稳定下来。这种情况通常是由于周围的金属或电气设备造成的。

二是大部分罗盘上都刻有汉字。读完盘后，把拇指放在某个汉字上，坐下来，把罗盘放在桌上，再仔细将这个汉字与前面的图表对比一下，这样就可查出其对应的度数。

(3)使用地盘

大部分罗盘通常都有三圈二十四山。在这里,将只涉及到使用其中的内圈二十四山。

里圈是地盘圈,基本上风水所用到的就是这圈。第二个类似的二十四山圈(从里向外)是人盘圈,它比地盘圈逆时针旋转7.5度。

(4)旅行用指南针

也许有人建议使用一个旅行或军用指南针,而不用罗盘。如果仅想大略知道自己的住房、办公室或建筑的朝向的话,这样做也可以,但如果想实践更复杂的理气派风水内容的话,这样的指南针就有个很大的缺点,即它是圆形的。

圆形的指南针与墙是不能平行放置的,因为圆形指南针没有一个直边。人可以站在门口,同时瞅着指南针从门口过来的一个想象的点(假定走道是直的)。利用这个方法,也许可将读数精确到10度以内。当然,如果是一名军人或地理学家的话,肯定会设计出确定观察点的方法来,但对其他人来说,旅行用的指南针无法使用。

罗盘的好处在于可以简单地把直边靠在门上或墙上,让内圈悬空,而圆形的指南针则无法做到这一点。

(5)避免磁干扰

当今世界上存在着大量的电子设备,如电脑、手机等,这些会造成最好的罗盘指针发生偏针。简单的解决方法是:至少测3次,即站在门口测1次,退后到门外1米测1次,再退后到门外4米测1次。在门上和离门合适的角度的一根柱子上系根红线,以确保自己是沿着同一个方位测量的。最后,把得出的三个读数平均一下。

复杂一点的方法是使用经纬仪(三角架上放一个放远镜,供测量人员使用),这样可在远处测量,避免了可能的磁干扰。

(6)罗盘的圈

所有罗盘的海底周围都有很多圈,它们被称为层,数目在9~39个之间。在尺寸上,罗盘的直径从0.6~1米之间。

简单地来看一个典型的罗盘的内六圈。罗盘中央是"天池",即指南针。六圈按从里向外的顺序分别列出如下:

紧邻天地的层是八卦,通常按先天顺序排列。

点和线的层代表1~9(5除外),这和洛书上的一样。

十二地支。这是罗盘的时钟层,也用来代表一天中的12个时辰、阳历一年中的12个月或者十二生肖。

二十四山。前面已讲过,用于飞星风水。

二十四节。每个方向代表一年中14~

15天的一个节气。这也是罗盘与时空相关联的又一个好例证。

六十花甲。在罗盘上被称为六十龙。

(7) 最外层

最后，现代罗盘的最外层可以一眼认出来，因为它是指南针上的360度的刻度，此圈非常有用。但请不要用直觉来代替精确的测量，一定要仔细地核对所测的读数。

(8) 熟能生巧

看完本书后，大家现在应该掌握了一些完全实用的风水知识，应对形学风水、八宅和简单的理学风水有了较深的了解，也应知道了不同的改正和补救风水方法以及如何去运用它。

这里的知识可帮助大家正确和认真地去运用风水，但如想真正掌握这门奇妙和复杂的科学则还需要长期的实践。

本章小结：制定日历是复杂的艺术，因为地球与月亮的循环并不一致。中国既使用阴历，也使用阳历。十天干和十二地支组成了六十甲子，称为干支；只有阴阳属性相同的天干和地支才能相配。罗盘是产生于公元前4世纪的风水用具。二十四山由四卦、八天干和十二地支构成。使用罗盘时，要将它与被测的物体平行放置，再转动天盘直至指针的头位于天池里的两个红点之间，然后才用天道十字读出坐向。

测验答案 这是第163页的测验答案。

①金钩形

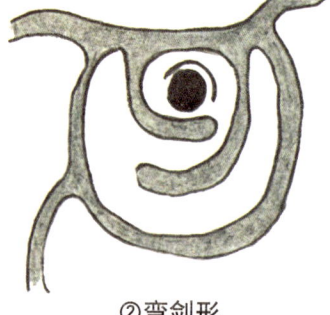

②弯剑形

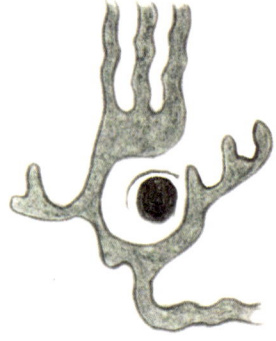

③飞凤形

④彩虹吞云形

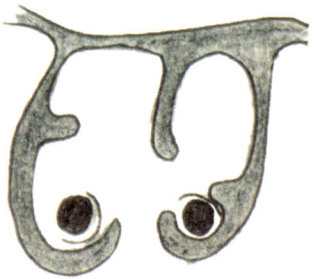

⑤双钩形

⑥龙回形